LA SOUDURE À L'ARC

Jean-Michel JORION

Coordination de l'ouvrage :
Alain THIÉBAUT

Photos : S.A.E.P. / Alain Thiébaut

ÉDITIONS S.A.E.P.
68040 INGERSHEIM - COLMAR

AVANT-PROPOS

Souder est un moyen moderne d'assemblage. Avec la vulgarisation du soudage et l'apparition sur le marché du bricolage de produits très performants puisque directement inspirés du matériel des professionnels, souder n'est plus réservé à l'homme de l'art mais accessible à tous pourvu que l'on soit averti et guidé.

S'il est vrai que souder requiert un minimum d'habileté manuelle et d'entraînement, c'est surtout la connaissance et l'application de techniques simples mais rigoureuses en toute sécurité, c'est aussi la préparation méthodique de l'assemblage à souder.

Ce manuel vous fera découvrir ou revoir les techniques de base du soudage à l'arc, il vous guidera dans vos préparations, dans vos choix et vos réalisations, vous évitant ainsi des erreurs coûteuses et les déboires qui découragent, c'est là sa seule ambition.

LA SOUDURE À L'ARC

Technique d'assemblage moderne, rapide et économique LA SOUDURE À L'ARC permet de résoudre une majorité de problèmes d'assemblage.

Une fusion rapide et très localisée des pièces entraîne un minimum de déformations de l'ouvrage à réaliser.

Avec l'évolution de la technologie les postes à souder pour amateurs sont désormais très performants et la venue sur le marché des postes à onduleurs permet même de souder avec une alimentation par prise de courant monophasé de 220 volts et 16 ampères. De plus la qualité des électrodes ne cesse de progresser et leur prix est très raisonnable.

Si elles requièrent un peu d'habileté et de méthode, les techniques de soudage sont simples et avec un peu d'entraînement les résultats viennent vite.

Enfin, à condition d'être informé des risques inhérents à la pratique du soudage à l'arc et de s'en prémunir, souder n'est pas dangereux et peut même devenir un réel plaisir.

NOTIONS DE SOUDABILITÉ

Un métal ou un alliage est réputé soudable s'il est possible de l'assembler par fusion des bords de manière à assurer une continuité de la matière.

Nous traiterons principalement le soudage des aciers de construction.

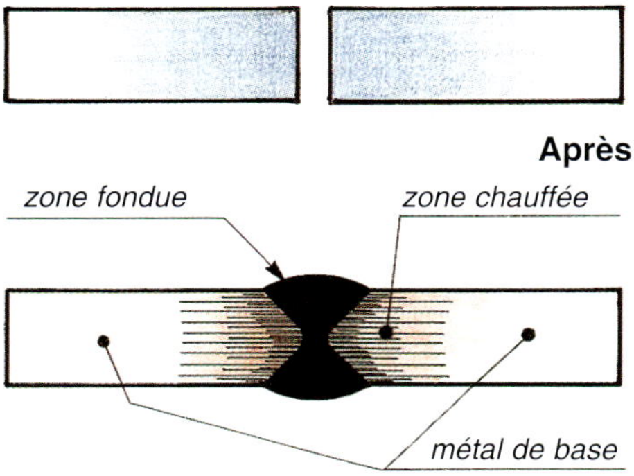

Exemple

Liaison par fusion localisée de deux pièces de même nature avec apport d'un métal de composition voisine ou améliorante.

L'idéal est d'obtenir un assemblage qui présente une uniformité de toutes les propriétés du métal de base sans pour autant que le métal apporté (électrode) soit rigoureusement identique.

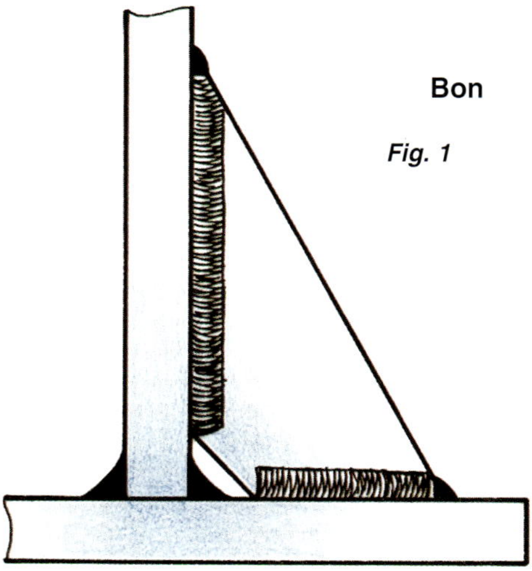

Fig. 1

Exemple

La température de fusion de l'acier est de 1 480 °C, les 4000 °C de l'arc suffisent donc largement à assurer la fusion de l'acier.

CHOIX D'UN ACIER SOUDABLE

Si en théorie tous les aciers sont soudables, même au-delà d'une teneur en carbone de 0,35 %, il est raisonnable lors de l'étude de l'ouvrage à réaliser de choisir **des aciers soudables en fonction des moyens dont on dispose**.

Le catalogue de votre fournisseur est un auxiliaire précieux (voir extraits pages 82 à 93), il vous indique la forme et les dimensions des sections en stock ou facilement disponibles, le poids au mètre et même des notions de résistance.

Enfin la soudure n'étant que le moyen d'assemblage, il est nécessaire que l'ouvrage terminé réponde aux caractéristiques souhaitées de résistance, de formes, d'étanchéité et d'esthétique.

Il convient donc d'étudier soigneusement les formes aussi simples soient-elles et de placer judicieusement les soudures.

Exemple :
Fig. 1 page 4.
Fig. 2 page 5.

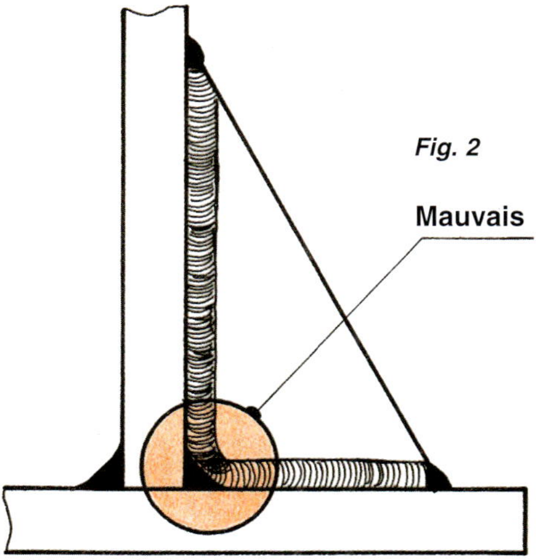

Fig. 2

SCHÉMA D'UN DISPOSITIF DE SOUDAGE

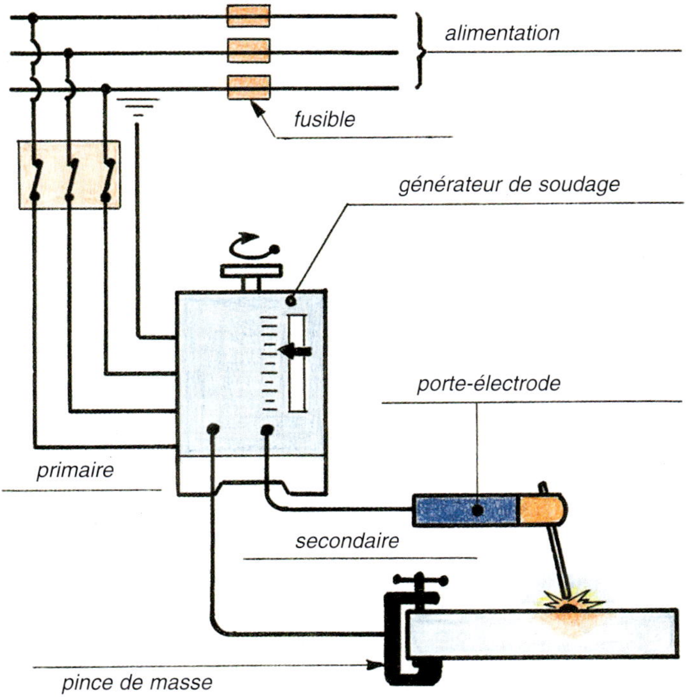

L'ARC ÉLECTRIQUE

Si deux conducteurs dénudés et sous tension se touchent il y a court-circuit. Si nous écartons ces deux conducteurs il se produit une étincelle, c'est un **arc électrique**.

Ce qui est mauvais et dangereux pour une installation électrique peut être contrôlé et maintenu grâce à un transformateur, c'est le **poste à souder**.

L'arc ainsi obtenu est utilisé comme source de chaleur nécessaire à la fusion des pièces.

La gamme des postes à souder est étendue et diverse pour répondre aux besoins de l'artisanat et de l'industrie.

SCHÉMA D'UN POSTE MONOPHASÉ

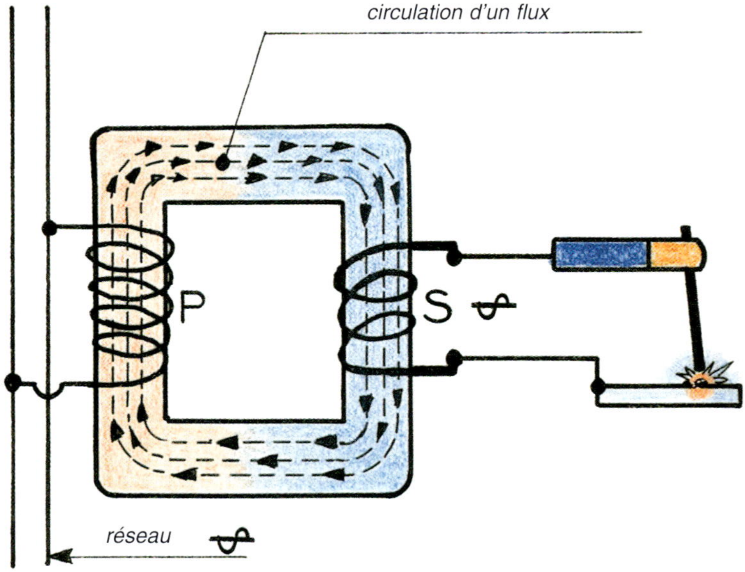

Nous considérerons ici les transformateurs statiques à courant alternatif produisant un courant de soudage alternatif de loin les plus répandus, mais aussi **les postes à onduleurs nouveaux venus sur le marché et très performants**.

CHOIX D'UN POSTE

L'achat d'un poste est une décision importante. Le bon choix sera déterminant dans la réussite de votre travail. Ce poste sera d'un prix raisonnable, fiable, d'un entretien facile, et devra être compatible avec votre installation électrique.

Notre choix de portera sur les postes à souder : **transformateurs statiques** à courant **alternatif**. La qualité d'un poste dépend de trois facteurs : les intensités secondaires, la tension à vide et le facteur de marche.

LES INTENSITÉS SECONDAIRES (IS)

Ce sont les courants de soudage. Exprimés en ampères (A), ce sont ces intensités qu'il faut régler en fonction de l'électrode utilisée.

Exemple :
— Électrode
Ø 2,5 mm = 75 A.
— Électrode
Ø 3,15 mm = 110 A.

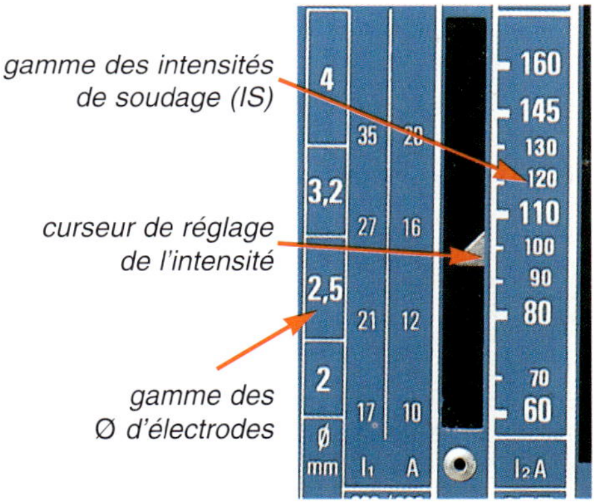

LA TENSION À VIDE (Uo)

Aussi appelée **tension d'amorçage** c'est la tension du courant de soudage exprimée en volts (V) avant l'allumage de l'arc, elle doit être au minimum de 45 volts et dans tous les cas égale ou supérieure à la tension d'amorçage nécessaire à l'électrode.

Plus la tension d'amorçage est élevée, plus l'amorçage sera facile et plus la gamme d'électrodes utilisables sera large.

LE FACTEUR DE MARCHE

Point important qui détermine le régime d'utilisation maximale du poste. Exprimé en pourcentage, il permet de calculer le temps de soudage possible sous l'intensité la plus forte.

Exemple :
— **Facteur de marche 60 %**.
— **Intensité de soudage maxi 160 A**.

Ce facteur de marche permet de souder trois minutes sur cinq (3 min = 60 % de 5 min) et ce 24 H sur 24 H avec une électrode de Ø 4 mm sans risque de détérioration du bobinage.

Remarque

60 % est le facteur de marche maximum rencontré. En effet, des temps de manipulation sont nécessaires, changement d'électrode, de pièces, ragréage, etc.

Au-delà de cette utilisation maximum le bobinage s'échauffe, une protection thermique est alors un critère de qualité supplémentaire.

TENSION D'ARC US

Le soudeur ne maîtrise pas ce paramètre et ne peut donc pas la régler, cette tension varie avec l'électrode donc l'intensité utilisée, là encore la qualité du poste est primordiale et l'achat d'un appareil, conforme à la norme, est un critère de garantie.

Règle

L'achat d'un poste conforme à la norme garantit à l'utilisateur l'acquisition d'un appareil de qualité mais aussi son utilisation en toute sécurité.

Conclusion

*Lors de l'achat d'un poste on comparera la **tension à vide**, la gamme d'**intensités de soudage** et le **facteur de marche**, on tiendra compte également des possibilités d'alimentation.*

Tous ces renseignements figurent sur la **plaque signalétique** que chaque constructeur appose sur les postes.

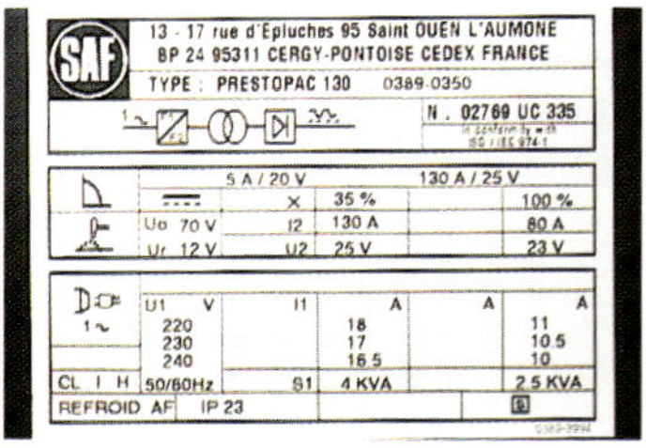

LA PLAQUE SIGNALÉTIQUE

Sous des formes différentes les plaques des postes de soudure doivent comporter les renseignements exposés plus haut.

Ici le constructeur indique clairement tous les paramètres électriques de ce poste, il précise aussi que l'appareil est équipé d'une protection thermique.

Le constructeur indique ici clairement la tension à vide : 50 volts. Il précise également que le poste est équipé d'une protection thermique qui évite toute surchauffe de l'appareil.

ALIMENTATION DU POSTE ET RACCORDEMENT AU RÉSEAU

Avant toute démarche on se renseignera sur les possibilités de raccordement au réseau, c'est-à-dire la nature du courant dont on dispose ou dont on peut disposer avec une adaptation et un changement de tarification.

Exemple :
Tension du réseau :
220 volts ou 380 volts.
Intensité distribuée :
16 ou 20 ampères.
Puissance : 12 kWh.

On comparera ces renseignements avec ceux indiqués par le constructeur sur la plaque signatétique et tout particulièrement la puissance absorbée à l'amorçage.

Remarque

Ces renseignements figurent sur votre compteur, votre disjoncteur ou votre facture, ils vous seront communiqués avec explications par votre agence locale E.D.F.

LES POSTES DE SOUDAGE À L'ARC À ONDULEURS

CARACTÉRISTIQUES TECHNIQUES

Primaire (alimentation)

	Poste A	**Poste B**
Tension d'alimentation monophasée (en volts)	230	230
Courant primaire maxi absorbé (en ampères)	17	16

Secondaire (courant de soudage)

	Poste A	**Poste B**
Tension d'amorçage	Uo 70 V	Uo 75 V
Courant de soudage	5 A à 130 A	5 A à 90 A
Ø maxi d'électrode	3,2 mm	2,5 mm

A

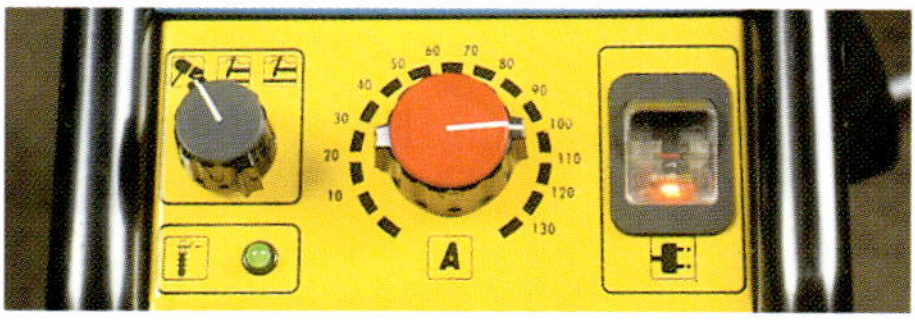

B

De conception récente ces postes sont l'avenir du soudage à l'arc et sont désormais d'un prix très abordable.

AVANTAGES DES POSTES À ONDULEURS

À l'inverse des autres postes et grâce à la technologie des onduleurs, ils ont le grand avantage d'absorber peu d'énergie à l'amorçage.

Exemple :
Pour une électrode de Ø 3,2 mm et une intensité de soudage normale de 105 A.

Alimentation :
230 Volts.

Branchement :
sur prise domestique 16 A.

Courant primaire absorbé :

18 A maxi à l'amorçage.

Courant primaire en marche :

11 A.

Ainsi, et à condition que l'installation électrique soit conforme à la norme, il devient possible de souder dans des conditions jusque-là impossibles.

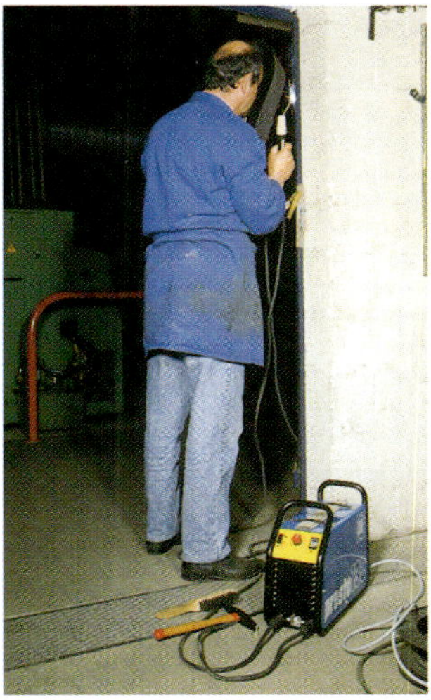

Conçus pour la maintenance avec interventions sur site, ces postes sont légers, maniables et peu encombrants.

Une tension à vide (tension d'amorçage) élevée, 70 volts, permet un amorçage facile et l'utilisation d'une large gamme d'électrodes.

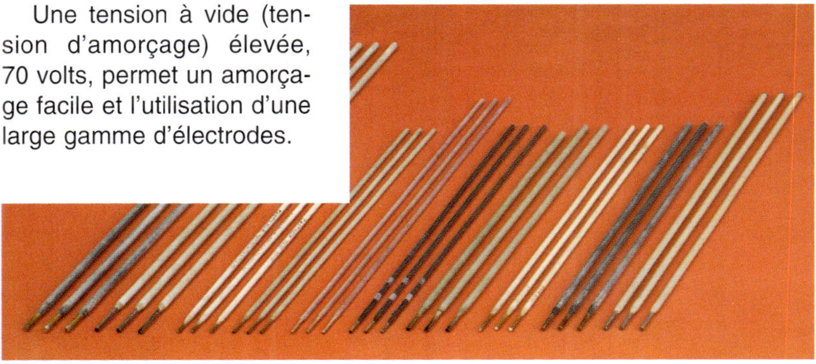

LE SOUDAGE À L'ARC ÉLECTRIQUE À L'ÉLECTRODE ENROBÉE

DÉFINITION

Opération de fusion localisée de deux métaux de même nature dans le but d'assurer leur liaison grâce à la fusion d'un apport (l'électrode) de métal de composition voisine ou améliorante.

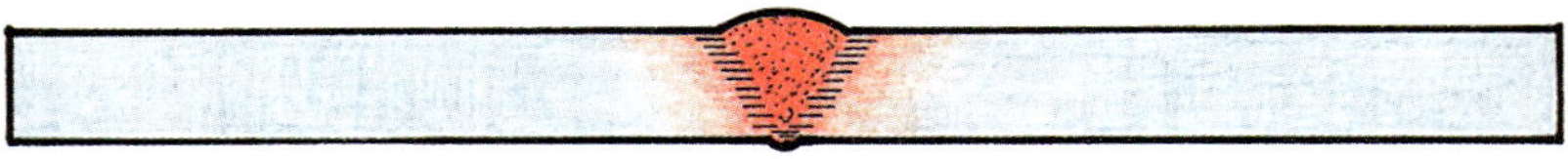

PRÉPARATION DES BORDS

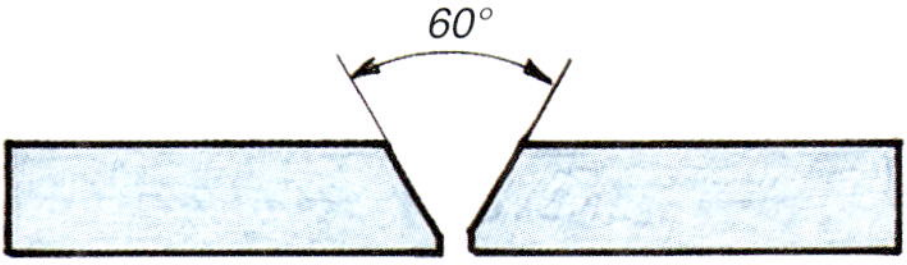

Voir pages 38 à 41.

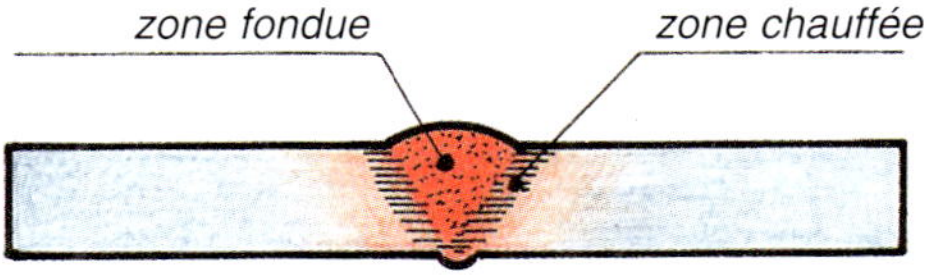

PIÈCES SOUDÉES

Sous l'action de la chaleur de l'arc, il y a fusion localisée des pièces et de l'électrode, mélange et constitution d'un joint soudé.

L'idéal est d'obtenir un assemblage présentant une continuité et une uniformité des propriétés du métal de base.

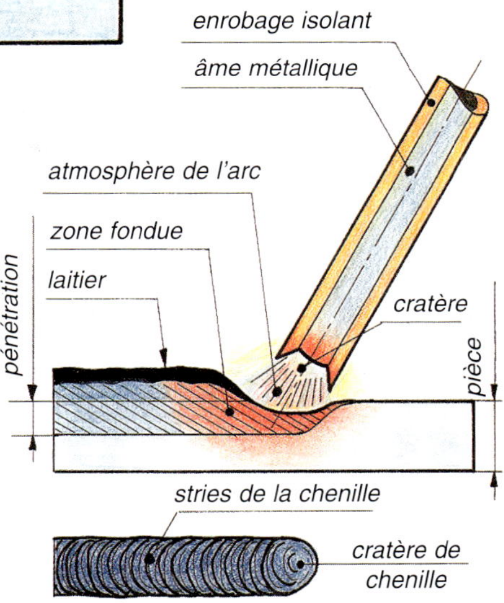

PRÉPARATION DE L'ÉLECTRODE

Attention

Les électrodes doivent être stockées au sec et à l'abri des chocs.

L'AMORÇAGE

Étude de l'extrémité active d'une électrode.

On distingue deux parties, l'élément central « l'âme métallique » conducteur de l'électricité et l'élément superficiel « l'enrobage » isolant.

ÉLECTRODE AMORCÉE

Cette situation est celle de l'électrode en cours de soudage, il y a formation d'un cratère.

C'est le métal qui est en retrait de l'enrobage.

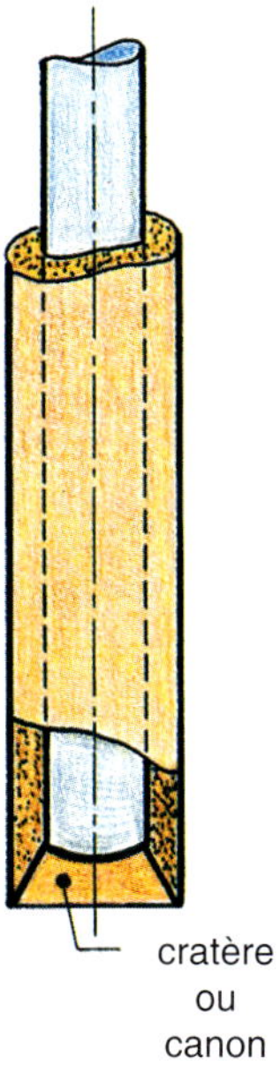

Règle

Pour souder, il est impératif de créer ce cratère, donc d'amorcer l'électrode.

ÉLECTRODE NEUVE

L'enrobage est en retrait du métal.

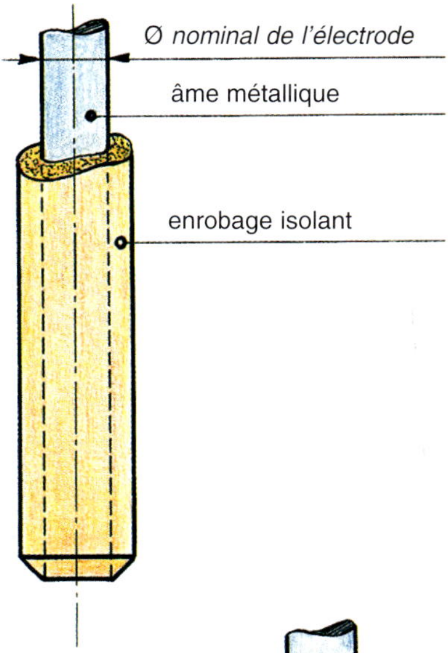

ÉLECTRODE USAGÉE

Électrode en partie utilisée et dont l'extrémité a été heurtée, l'enrobage est en partie détérioré. Là aussi l'enrobage est en retrait par rapport au métal.

MÉTHODE

Amorcer, c'est :

Frotter l'électrode pour CRÉER l'ARC.

Maintenir l'arc pour FORMER LE CRATÈRE et échauffer l'extrémité de l'électrode.

L'électrode est prête à l'emploi.

Ne pas amorcer par coups.

Mais amorcer par frottements légers.

Remarque

On amorce sur une pièce martyre, jamais sur la pièce ou sur le montage de soudage, encore moins sur la pince de masse.

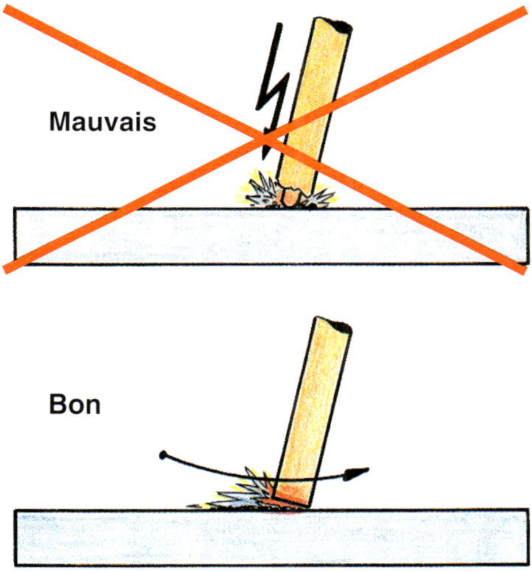

RÈGLES D'EXÉCUTION DES SOUDURES À L'ARC

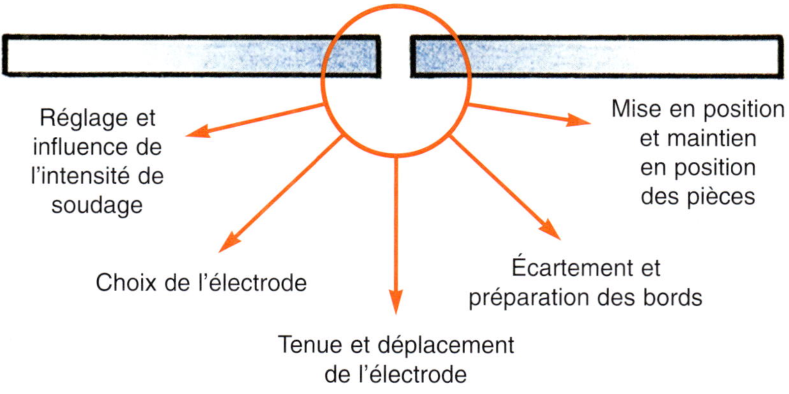

RÉGLAGE DE L'INTENSITÉ

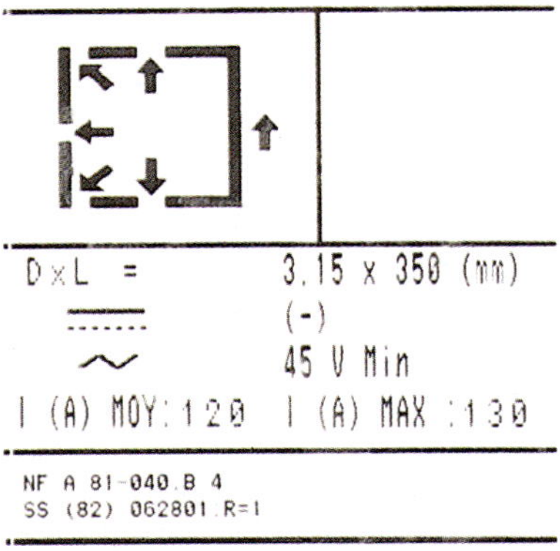

Ici pour une électrode de Ø 3,15 mm le fabricant conseille un réglage moyen de 120 A, et une intensité maximum de 130 A à ne jamais dépasser.

L'intensité à régler est principalement fonction de l'électrode utilisée mais dépend également de l'épaisseur des pièces, de l'écartement des bords et de la position de soudage.

Chaque paquet d'électrodes comporte une notice d'utilisation à usage du soudeur, où le fabricant indique l'**intensité moyenne** à régler et l'**intensité maximale** à ne pas dépasser.

À chaque type d'électrode correspond une **intensité minimale** en dessous de laquelle l'arc devient instable et une **intensité maximale** au-delà de laquelle l'électrode surchauffe, rougit et se détériore, occasionnant de nombreuses projections.

Un bon réglage doit être impérativement compris entre ces deux valeurs.

COMMENT LIRE L'ÉTIQUETTE SUR UN ÉTUI D'ÉLECTRODES

La gamme des électrodes de soudage est étendue. Chaque paquet comporte une notice d'utilisation du produit qu'il est nécessaire d'étudier pour un usage optimal et pour éviter des dépenses inutiles.

On peut se faire conseiller par son fournisseur. Si c'est un spécialiste, il possède des connaissances et une documentation plus complète quant aux domaines d'application de l'électrode et guidera votre choix en fonction de votre problème.

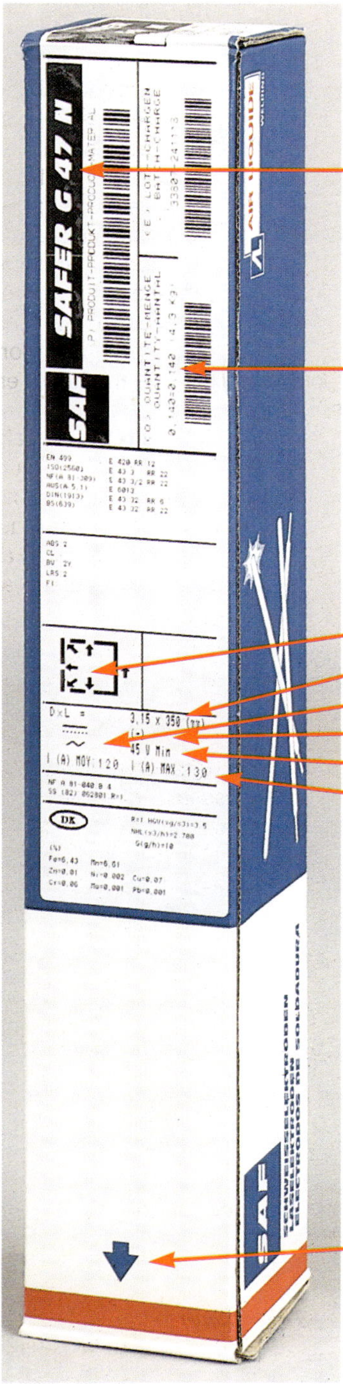

Désignation commerciale.

Renseignements commerciaux

Quantité dans l'étui.

Normes et agrémentations

Symboles des positions de soudage possibles.

Ø et longueur en mm.

Nature des courants de soudage utilisables.

Polarité de l'électrode en courant continu.

Tension d'amorçage minimale (Uo).

Intensités d'utilisation moyenne et maxi.

Classifications et normes d'hygiène française et étrangères

Flèche indiquant le côté d'ouverture du paquet.

IDENTIFICATION D'UN BON OU D'UN MAUVAIS RÉGLAGE DE L'INTENSITÉ

Pour une vitesse d'avance normale, la variation de l'intensité de soudage (IS) provoque les phénomènes suivants :

IS normale 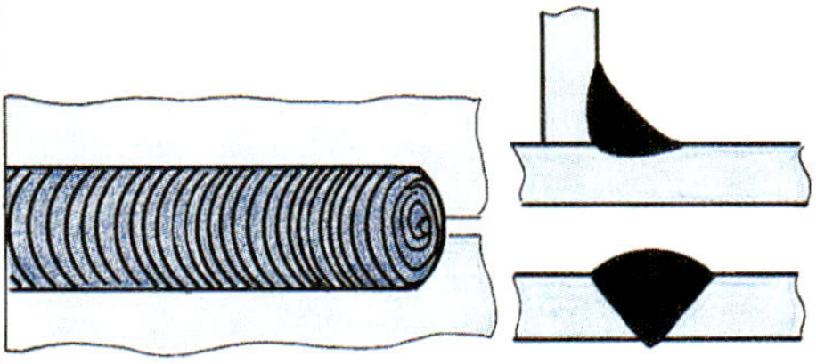	— La forme du dépôt est harmonieuse. — L'aspect est propre, les fumées bleutées. — La fusion est normale. — La pénétration est bonne. — Le cratère est sain.
IS faible 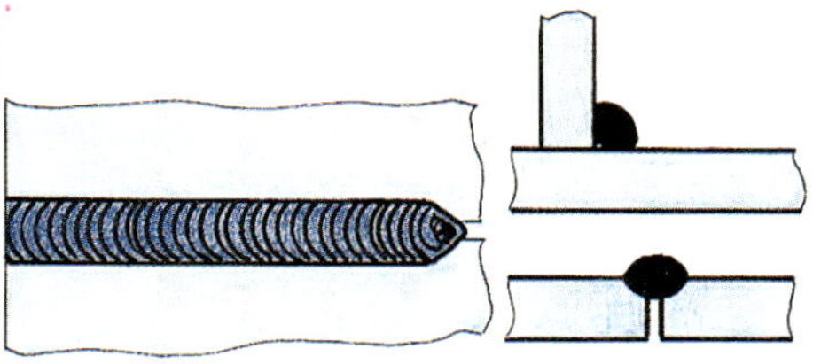	— L'amorçage est délicat. — La forme du dépôt est étroite et bombée. — L'aspect est propre et régulier. — La fusion est molle. — La pénétration est faible. — Le cratère est sain mais allongé.
IS forte 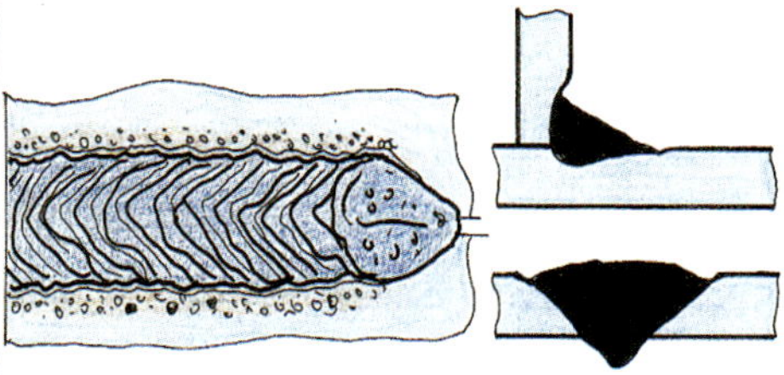	— La forme du dépôt est large, plate et tourmentée. — L'aspect est sale, irrégulier avec des projections et des fumées brunes. — La pénétration et trop forte. — Le cratère est profond avec des risques de soufflures et de criques. — Risque de caniveaux*.

** Voir lexique.*

Avec un peu d'expérience, il est relativement aisé de déceler un mauvais réglage de l'intensité de soudage.

Une observation méthodique du cordon pendant et après la soudure, permet de corriger et d'affiner ce réglage.

Le tableau page 18 vous permettra, par comparaison, d'opérer ces corrections, car bien sûr la qualité de votre poste et de l'alimentation sont aussi des facteurs influents.

VALEURS DE L'INTENSITÉ DE SOUDAGE valable pour le soudage à plat sur aciers ordinaires

L'art du soudeur c'est essentiellement la recherche d'un bon réglage de l'intensité de soudage.

Les valeurs sont données à titre indicatif. En priorité, il faut toujours se référer aux valeurs indiquées par le fabricant sur la notice du paquet.

Ø de l'électrode en mm	**IS moyenne**	**IS maximum**
Ø 1,6	30 A	35 A
Ø 2	50 A	55 A
Ø 2,5	70 A	75 A
Ø 3,15	105 A	115 A
Ø 4	150 A	160 A

CHOIX DU DIAMÈTRE DE L'ÉLECTRODE

Quelques expériences simples et l'étude de la notice permettent de comprendre l'importance du choix de l'électrode.

1ère EXPÉRIENCE

Si l'on tente de souder avec une électrode de Ø 3,15 mm et une intensité de soudage normale de 110 A sur des pièces d'épaisseur 2 mm, l'arc perce ces pièces et il y a effondrement de la soudure.

→

La pièce fond plus vite que l'électrode. Le Ø de l'électrode, et par conséquent l'intensité, ne conviennent pas.

Nette amélioration de la soudure, l'électrode et l'intensité conviennent beaucoup mieux.

2e EXPÉRIENCE

Si l'on renouvelle l'expérience avec une électrode de Ø 2 mm et une intensité de soudage normale de 55 A, on constate que la soudure devient possible et que la pénétration est d'environ 2 mm.

— En conclusion, on peut déduire la règle suivante :

Règle

Le diamètre de l'électrode doit être inférieur ou au maximum égal à l'épaisseur des pièces à souder.

Les électrodes peuvent aussi être **distinguées** en fonction de **la nature de l'enrobage**.

Exemple :
Électrodes Rutiles
Électrodes Rutilobasiques
Électrodes Basiques
Électrodes Cellulosiques.

Ainsi que de **l'épaisseur de cet enrobage**.

Exemple :
Enrobage Mince
Enrobage Semi-épais
Enrobage Épais.

PARTICULARITÉS D'EMPLOI

- ENROBAGE RUTILE.
- COURANT ALTERNATIF (Uo ≥ 55 V) et CONTINU (pôle —).
- GRANDE FACILITÉ D'EMPLOI, même en position. Toutes méthodes opératoires; cordons étroits et bombés recommandés.
- ÉCONOMIQUE, pour les CORDONS D'USURE sur dents et godets de pelles, plaques d'usure, lames de bulldozers, patins de chenilles; également PROTECTION de socs de charrue et galets divers, etc.
- PRÉCHAUFFAGE parfois nécessaire, suivant nature du support.

— L'amateur averti choisira une électrode **Rutilobasique** pour sa souplesse d'emploi en toutes positions et qui ne réclame qu'une faible tension à vide à l'amorçage (45 V). De plus, avec un enrobage semi-épais, elle permet la soudure « Automatique manuelle » que nous traiterons dans un prochain chapitre (page 30).

Remarque

L'extrémité dénudée des électrodes comporte parfois un repère de couleur. Il s'agit d'un marquage correspondant à la nuance d'acier de l'âme de cette électrode.

Épaisseur e en mm	Ø 1,6 mm	Ø 2 mm	Ø 2,5 mm	Ø 3,15 mm	Ø 4 mm
1	25 A		zone de non		
2	30 A	45 A	65 A		utilisation
3	—	55 A	70 A	95 A	
4	—	—	75 A	105 A	140 A
5	—	—	—	115 A	150 A
6	—	—	—	—	150 A
8	—	—	—	—	160 A
10	—	—	—	—	160 A

Note

Conserver les électrodes à l'abri des chocs et de l'humidité (près d'une chaudière par exemple). Si des électrodes sont humides, étuvez-les au four à 100 °C pendant 1 à 2 heures.

Résumé

Mesurer l'épaisseur des pièces à souder.

Choisir un diamètre d'électrode inférieur ou égal à cette épaisseur.

Régler l'intensité en fonction du diamètre de l'électrode en consultant la notice d'emploi sur le paquet.

Affiner ce réglage en fonction de la masse des pièces, de l'écartement des bords et de la méthode de soudage utilisée.

TENUE DE L'ÉLECTRODE

LA HAUTEUR D'ARC

La hauteur d'arc est un facteur déterminant dans la réussite d'une soudure, elle est à contrôler en permanence.

Arc normal

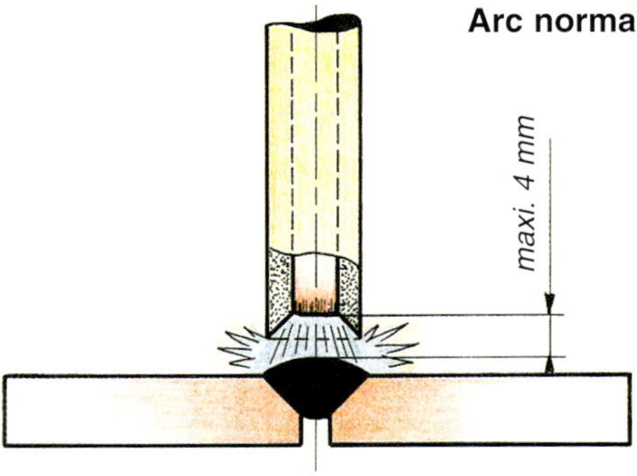

Environ un diamètre nominal.

— L'arc est stable, son bruit est un crépitement, on voit une lueur sans vraiment distinguer l'arc.

Arc long

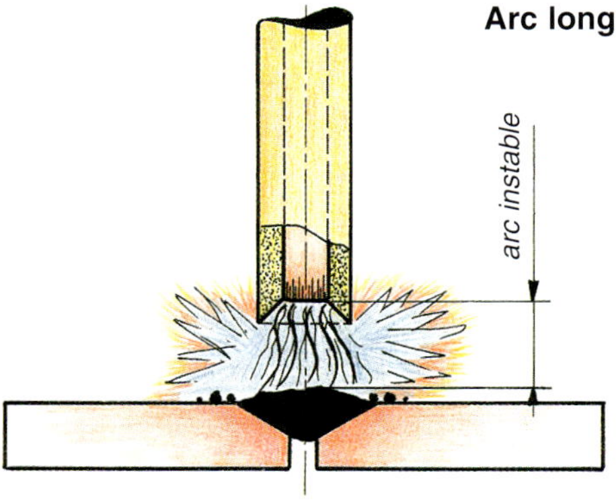

— L'arc est instable, son bruit est sourd, on distingue l'arc comme une flamme, il est turbulent.

Attention

Un arc trop long est mauvais pour le soudage.

Arc court

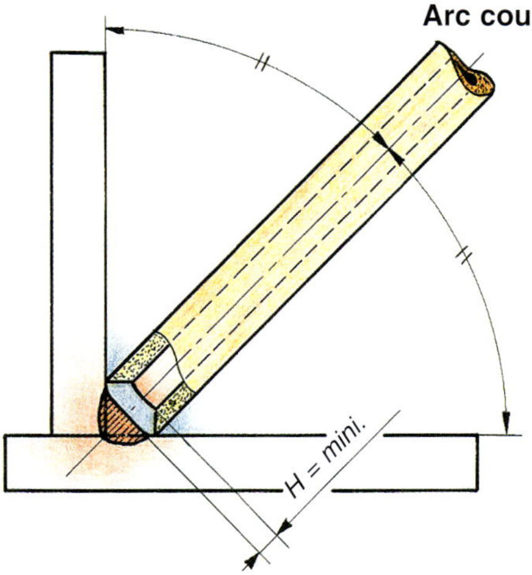

— L'électrode est au contact des pièces, l'arc est minimum, c'est la profondeur du cratère qui détermine la hauteur d'arc.

— Cette technique de l'arc court est principalement utilisée en soudage d'angle intérieur ou en passe de fond de chanfreins.

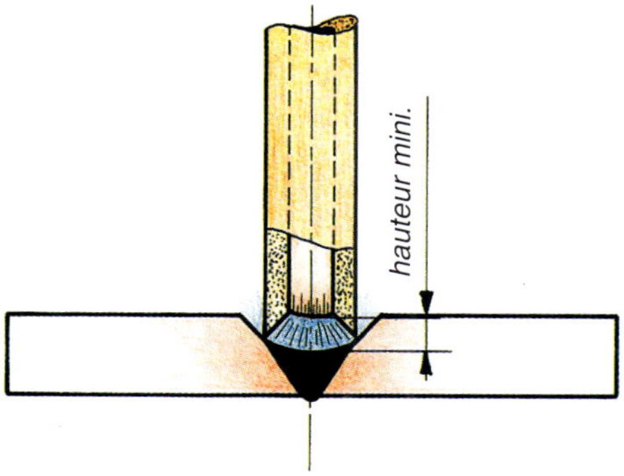

RÈGLE N° 1 : ORIENTER L'ÉLECTRODE

— La première règle est de bien répartir la chaleur de l'arc sur les pièces à souder, il faut donc impérativement placer l'électrode sur la bissectrice de l'angle que forment les pièces à assembler.

Bon

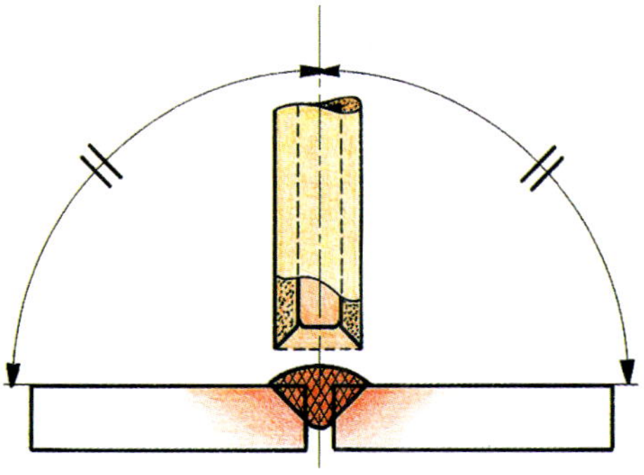

— La chaleur est bien répartie, la fusion est équilibrée, le dépôt de métal aussi.

Bon

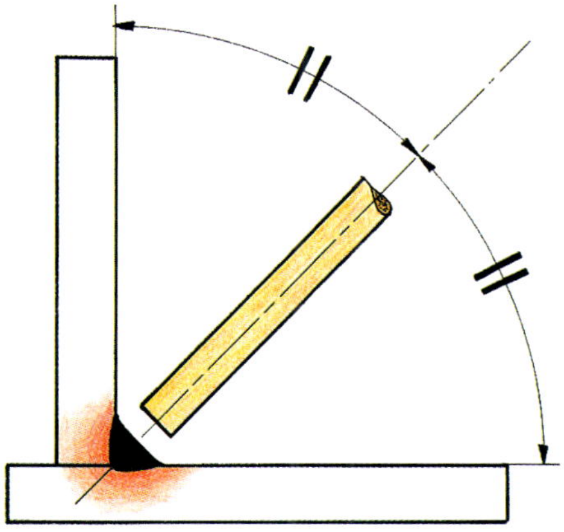

Mauvais

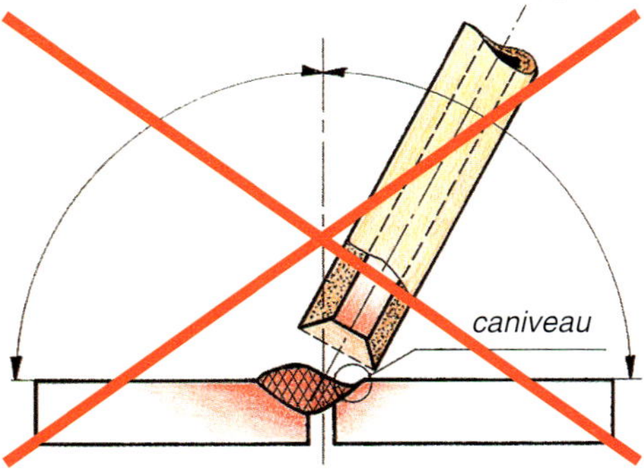

— La chaleur est mal répartie, la fusion et le dépôt de métal ne sont pas équilibrés, il y a risque de formation d'un caniveau*.

Mauvais

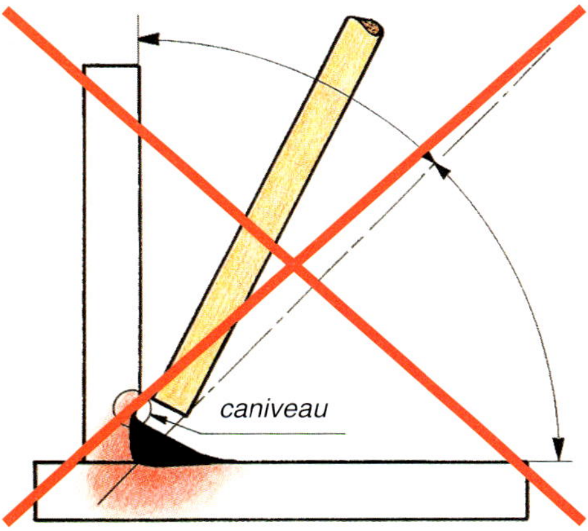

Cas particulier

— Quand les pièces sont d'épaisseurs différentes, l'électrode doit être orientée de façon à faciliter la fusion de l'épaisseur la plus forte.

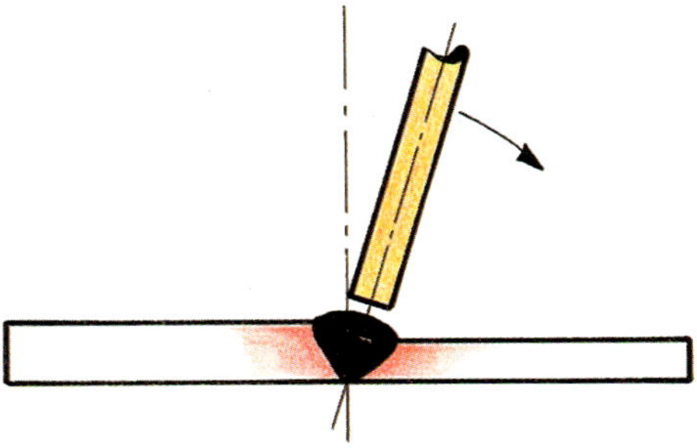

Solution idéale

— Solution idéale mais nécessitant beaucoup d'usinage sur la pièce épaisse.

* *Voir lexique.*

— Solution acceptable et entraînant moins de travail de préparation mais plus de soudure.

Solution acceptable

RÈGLE N° 2 : INCLINER L'ÉLECTRODE

— L'inclinaison de l'électrode facilite l'avance de celle-ci et permet de maintenir le laitier* (enrobage fondu) en arrière, sur le métal déposé.

— Il faut incliner l'électrode de 60° à 80° par rapport au sens d'avance.

Bon

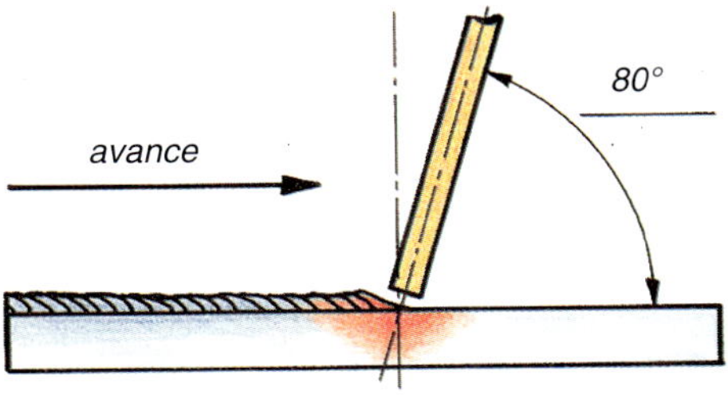

— D'autre part, l'inclinaison de l'électrode influence la forme et la pénétration du cordon.

Bon

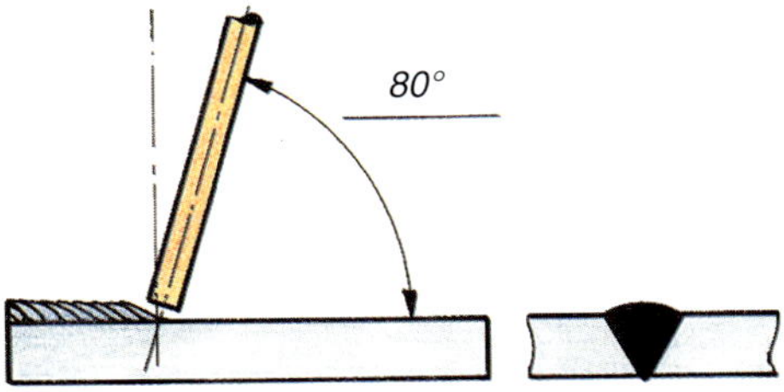

— L'électrode est trop inclinée, le cordon est étroit, de forme pointue et peu pénétré.

Trop incliné

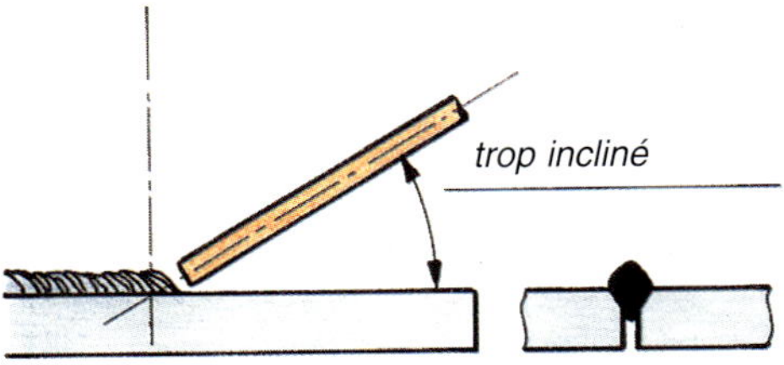

* *Voir lexique.*

Trop vertical

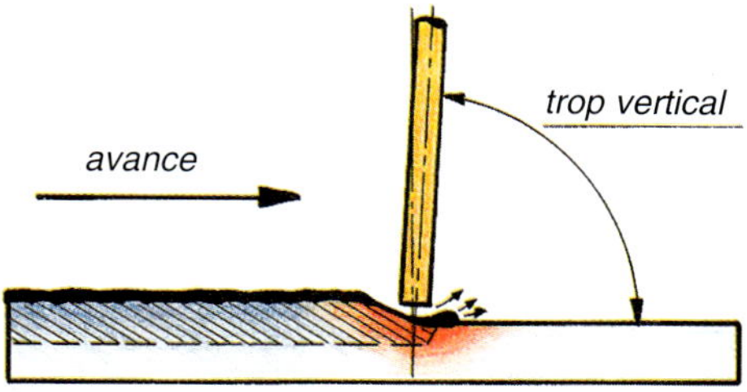

Correction

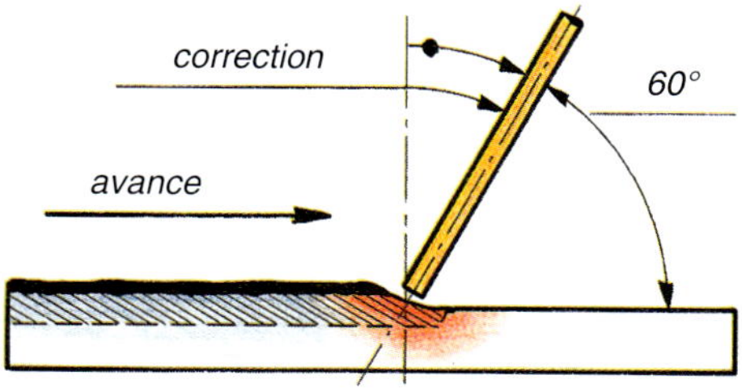

> **Remarque**
>
> *En aucun cas le soudeur ne devra se laisser dépasser par le laitier* et remédiera en accentuant l'inclinaison de l'électrode.*

La notion d'inclinaison est très sensitive, c'est au soudeur, avec l'expérience, de sentir son inclinaison en sachant que plus elle est importante, moins il y a de pénétration.

Nous verrons dans l'étude de la soudure en angle intérieur qu'elle peut atteindre 45° à 50° mais jamais moins.

SENS ET DÉPLACEMENT DE L'ÉLECTRODE

Mauvais

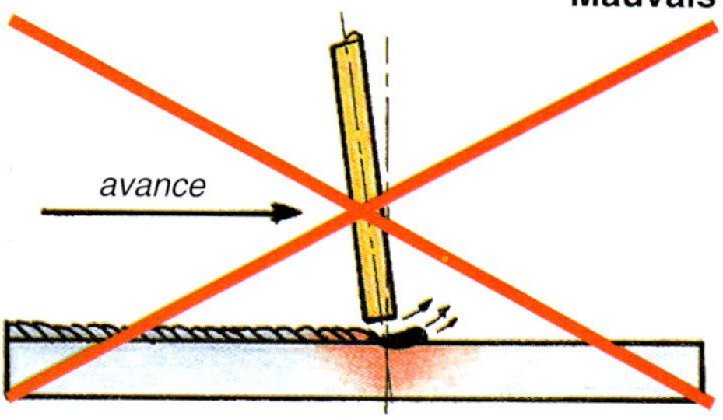

Bon

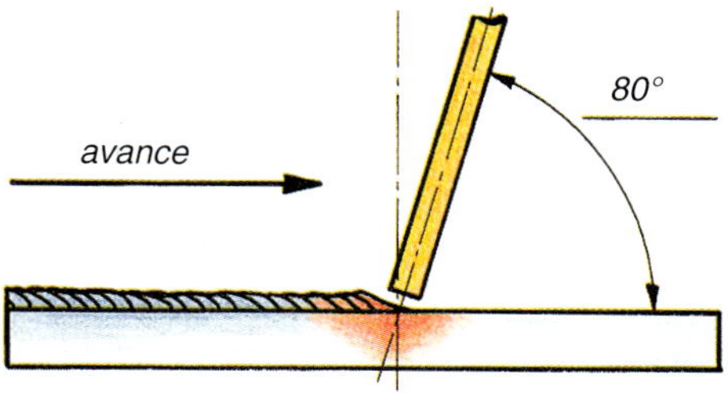

Nous avons vu dans le paragraphe précédent que l'électrode doit être inclinée par rapport au sens d'avance. Ces deux notions sont intimement liées.

— Si l'électrode est poussée, le laitier* devance le cordon et coule dans le joint à souder avec de gros risques d'inclusion.

— Le cordon de soudure **est tiré**.

* *Voir lexique.*

VITESSE DE DÉPLACEMENT DE L'ÉLECTRODE : L'AVANCE

Cette notion est très importante et conditionne en grande partie la qualité et le fini du cordon de soudure.

Règle

Le soudeur adoptera une avance régulière et contrôlera sa vitesse en observant la forme et la largeur du cordon.

Pour une intensité normale, la variation de la vitesse d'avance (V.A.) provoque les phénomènes suivants :

— La forme du dépôt est harmonieuse et d'une largeur égale à deux électrodes, — la pénétration est bonne, — le cratère est sain.	**V.A. normale** 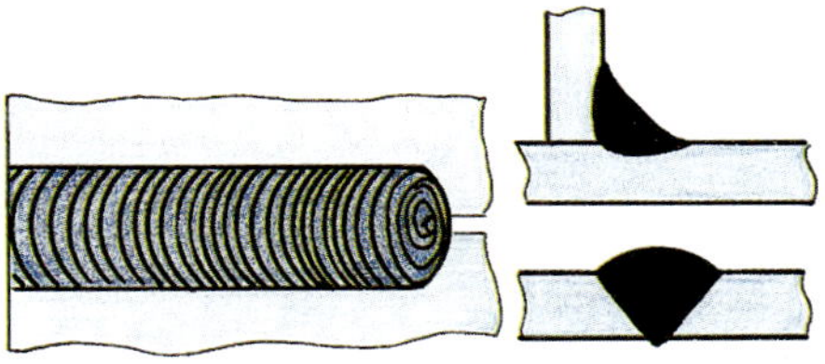
— La forme du cordon est étroite et pointue, — l'aspect est irrégulier avec des caniveaux, — le cratère est allongé.	**V.A. trop rapide** 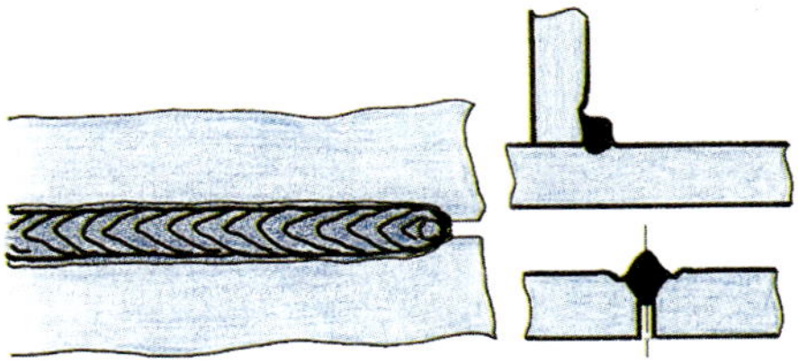
— La forme du dépôt est très bombée, — risques de collage, — la pénétration est forte avec des risques d'effondrement, — le cratère est profond.	**V.A. lente** 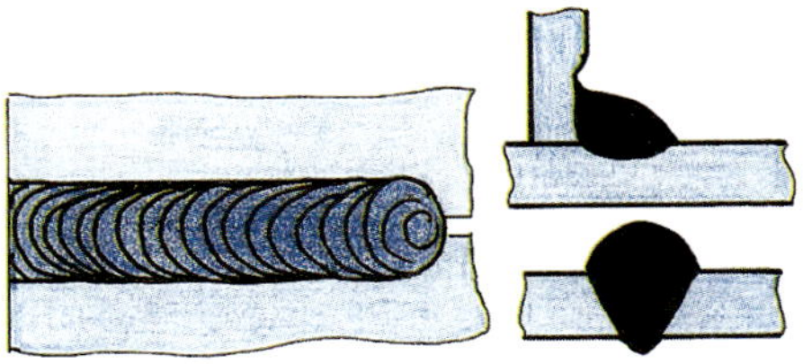

Conclusion

Souder réclame du savoir-faire. Après chaque soudure et, en référence aux règles et aux tableaux précédents, faites une analyse critique de votre travail et les progrès viendront très vite.

MODES D'AVANCE

Deux types d'avance sont possibles.

L'avance linéraire

L'avance est continue, linéaire, on tire la soudure en tirant l'électrode comme on tire un trait.

Avance linéaire rapide

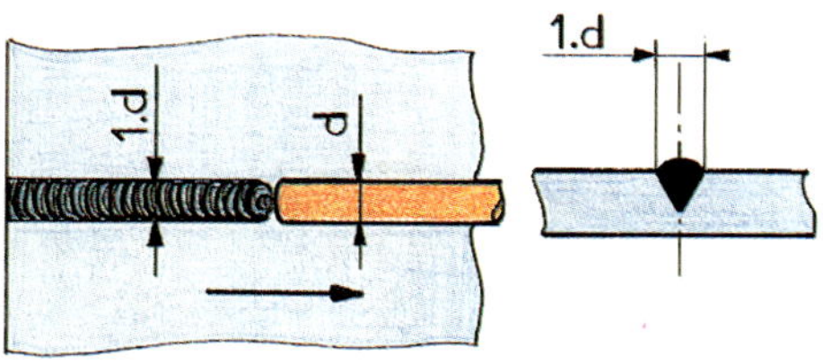

— Cette méthode engendre un cordon de largeur étroite.

Attention

Largeur minimum = 1 d.

Avance linéaire plus lente

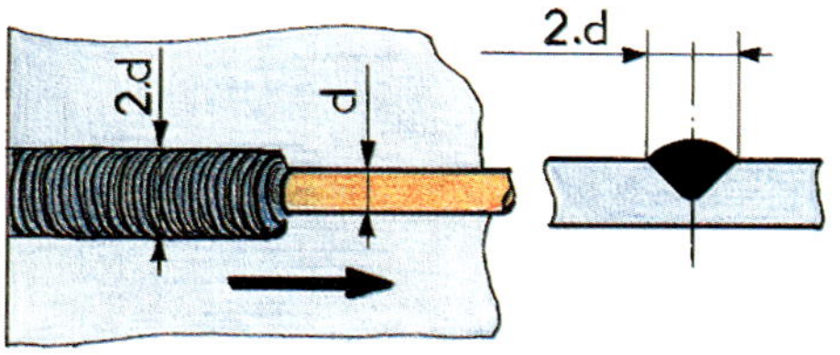

— Comme précédemment, l'avance est continue mais plus lente, le cordon s'épanouit de part et d'autre de l'électrode, cette méthode engendre des cordons plus larges et plus harmonieux.

Attention

Largeur maximum = 2 d.

L'avance balancée

Ici l'avance s'accompagne d'un mouvement de balancement de part et d'autre de la ligne de soudure avec un léger temps d'arrêt de chaque côté pour bien favoriser la fusion des pièces.

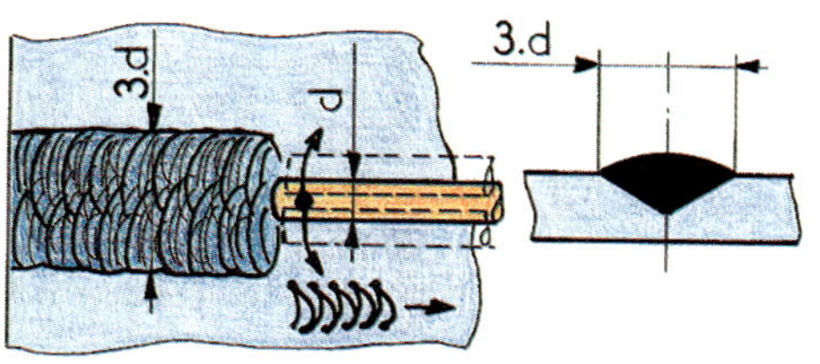

— Cette méthode engendre des cordons plats et très harmonieux, d'une largeur d'environ 3 d.

Attention

L'amplitude du balancement ne doit pas dépasser 1 d.

Ici le départ et la fin du cordon s'effectuent sur des cales martyres ce qui permet d'obtenir un cordon parfaitement sain.

SOUDURE BORD À BORD À PLAT

Résumé

***Orienter** l'électrode sur la bissectrice de l'angle que forment les pièces à assembler.*

***Incliner** l'électrode à 60° ou 80° par rapport à la ligne de soudure.*

*Adopter un **arc de hauteur moyenne**, c'est-à-dire stable et qui crépite.*

*Adopter une méthode d'avance et régler votre **vitesse d'avance** en observant la forme et la largeur du cordon.*

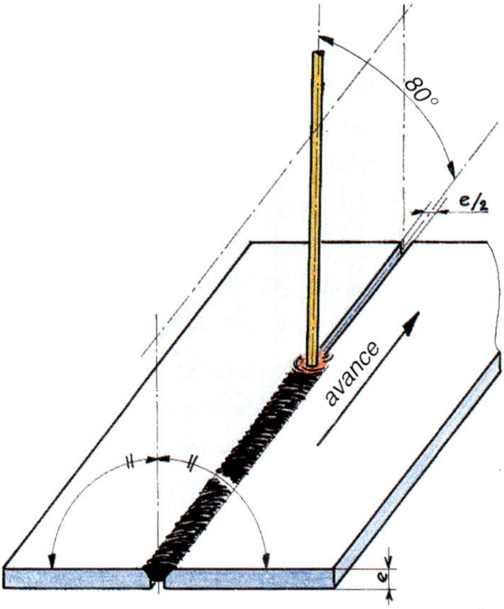

SOUDURE EN ANGLE INTÉRIEUR DITE AUTOMATIQUE MANUELLE

Ce type de cordon est un peu plus délicat à réaliser mais d'un très bon rendement à condition d'observer méthodiquement ses règles d'exécution.

— Cette soudure est ainsi appelée car deux paramètres que l'on doit normalement contrôler sont obtenus automatiquement.

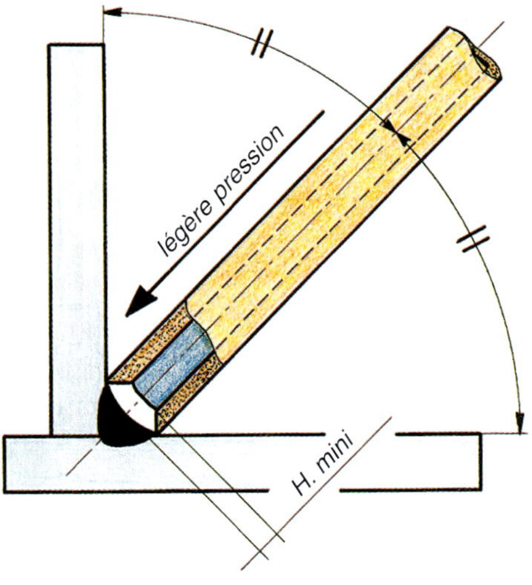

Orientation inchangée

— Positionner l'électrode sur la bissectrice de l'angle que forment les pièces à souder.

Hauteur d'arc : obtenue automatiquement

— L'électrode « **est au contact** » des pièces, c'est la profondeur du cratère de l'électrode qui donne automatiquement la hauteur d'arc.

Inclinaison 50° à 60°

— Plus prononcée qu'à plat, là encore son premier rôle est de maintenir le laitier* en arrière sur la soudure. Le soudeur adaptera l'inclinaison aux circonstances du soudage, une variation de 10° peut paraître faible mais se révéler très importante.

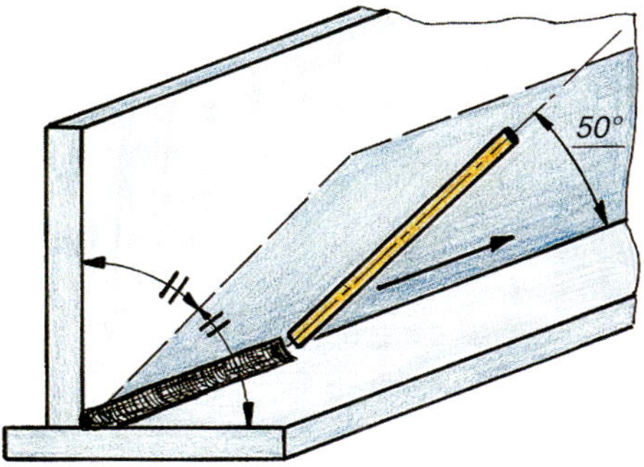

— En outre, une inclinaison de 50° à 60° combinée à l'usure de l'électrode, entraîne une **avance automatique** (2e paramètre) correspondant à une largeur de cordon égale à une électrode).

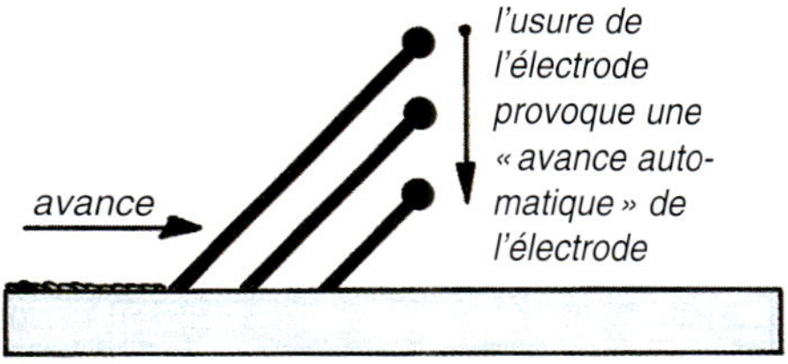

Réglage de l'intensité

Cette méthode réclame plus d'intensité, on élèvera de 10 % l'intensité de soudage habituellement utilisée à plat.

Résumé

***Orienter** parfaitement l'électrode sur la bissectrice de l'angle formé par les pièces à souder.*

***Incliner** l'électrode entre **50° et 60°** par rapport à la ligne de soudure.*

*Adopter un **arc court**, l'électrode est au contact des pièces.*

*Opérer une **légère pression** sur l'électrode avec une tendance à tirer.*

*Augmenter **l'intensité de 10 %** par rapport à la normale.*

* *Voir lexique.*

SOUDAGE VERTICAL MONTANT

Pendant le soudage et vu la position de la soudure, le métal et le laitier* à l'état liquide ont une forte tendance à s'effondrer.

Il faut modifier certains paramètres de base pour faciliter la tenue du métal.

— Choisir une électrode permettant le soudage vertical montant.

— Diminuer l'intensité de 10 % à 20 % par rapport au soudage à plat.

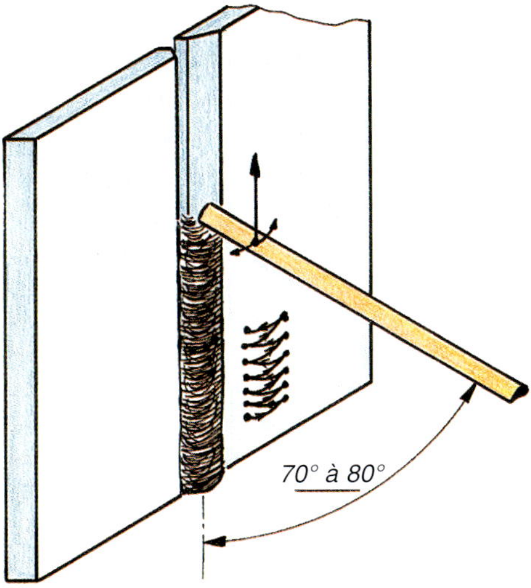

— Contre-incliner l'électrode de 70° à 80°, c'est le seul cas où l'électrode est poussée.

— Adopter un mouvement balancé. Chaque passage sert d'appui au suivant et permet ainsi « d'empiler » du métal liquide.

— Préférer plusieurs petites passes à une seule, avec un parfait nettoyage entre chaque soudure.

* *Voir lexique.*

SOUDAGE VERTICAL DESCENDANT

Ici encore, la masse de métal liquide est entraînée vers le bas et le laitier tend à dépasser le bain de fusion.

Il faut adopter les paramètres de soudage suivants.

— Choisir impérativement une électrode permettant le soudage descendant (enrobage mince et spécial).

— La tenue de l'électrode est identique à celle du soudage à plat.

— Adopter une vitesse d'avance rapide pour ne pas se laisser dépasser par le laitier.

— Augmenter l'intensité de 10 % par rapport au soudage à plat pour faciliter la fusion des pièces et la pénétration.

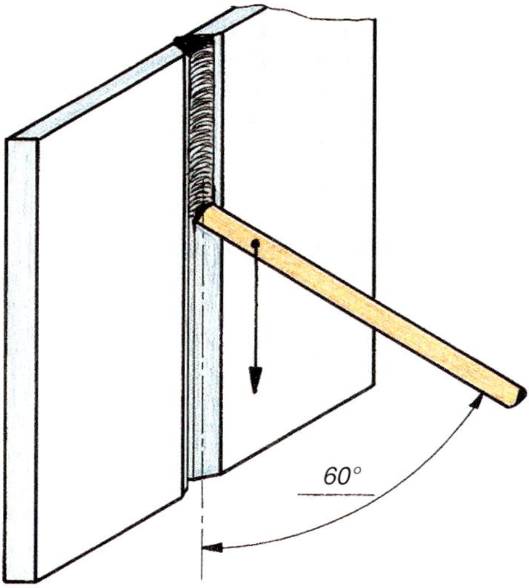

Au travers de ces derniers exemples, nous voyons qu'une fois assimilées les règles et les techniques de base du soudage à plat, l'application et la modification de ces paramètres aux autres types de joints soudés, deviennent une science du bon sens.

Remarque

D'un bel aspect, ces soudures sont néanmoins mécaniquement moins résistantes que celles exécutées en montant.

QUELQUES ASTUCES

Début de cordon

— Démarrer le cordon à la toute extrémité de la pièce en marquant un temps d'arrêt avec un arc plutôt long.

Reprise de cordon

— Lors de la reprise d'un cordon pour changement d'électrode, nettoyer soigneusement par piquage et brossage la fin de la précédente soudure.

— Amorcer en bas, revenir vers le haut en utilisant un arc plutôt long puis repartir dans le sens de la soudure avec un arc normal.

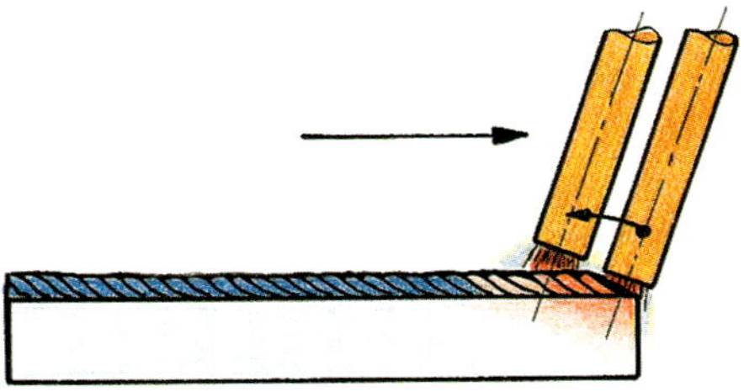

Fin de cordon

— Ne pas arrêter brutalement la soudure, il faut nourrir la fin du cordon en revenant de quelques millimètres et en relevant doucement l'électrode. Ceci permet de fermer le cratère de chenille.

Remarque

On peut aussi démarrer et finir le cordon sur une chute de métal martyre qui est ensuite arasée.

HYGIÈNE ET SÉCURITÉ EN SOUDAGE À L'ARC

La pratique du soudage à l'arc ne présente pas de danger si l'opérateur a connaissance des risques particuliers liés à cette activité et s'il veut bien se soumettre aux règles élémentaires d'hygiène et de sécurité en soudage.

PRÉVENTION CONTRE LES DANGERS DU RAYONNEMENT

Cette prévention des risques concerne plus particulièrement **la protection des yeux et du visage**.

Les rayons émis par l'arc électrique sont principalement **des rayons ultraviolets et infrarouges**, ils sont **nocifs pour les yeux** mais peuvent aussi occasionner **des brûlures de la peau**, il est donc indispensable de se protéger le visage d'un masque, et les yeux en équipant ce masque d'un verre filtrant spécial.

L'ensemble du corps doit également faire l'objet d'une protection efficace.

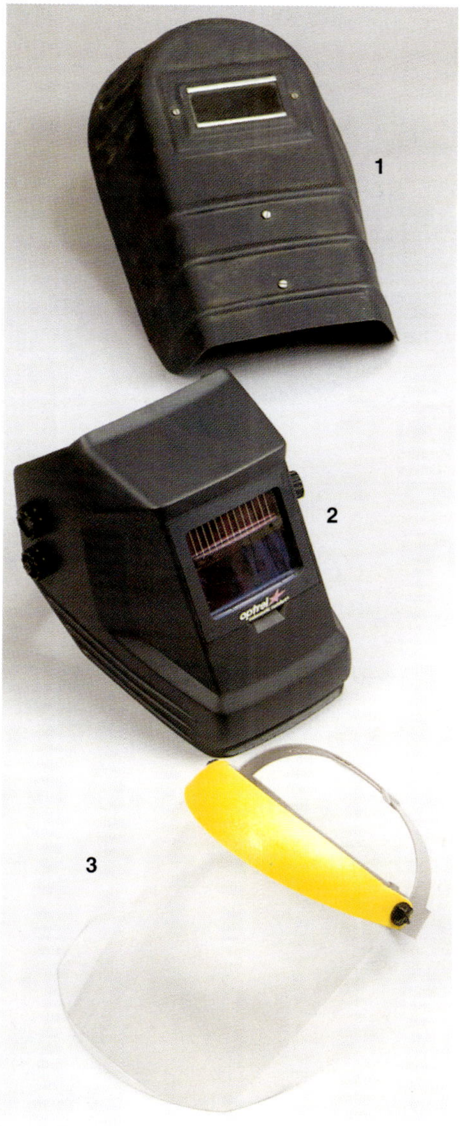

1. Masque classique.
2. Casque à cristaux liquides (laissant l'usage des deux mains).
3. Visière de piquetage.

PRÉVENTION CONTRE LES DANGERS DU COURANT ÉLECTRIQUE

Comme tout appareil électrique, un poste de soudage doit faire l'objet de soins particuliers d'isolation et être équipé d'une prise de terre.

En ce qui concerne le circuit de soudage (courant à la sortie du poste), les tensions de soudage et les tensions d'amorçage sont de l'ordre de 20 à 70 volts, elles peuvent donc chez certains individus offrant une faible résistance au courant électrique présenter un danger.

REMÈDES

— Utiliser une pince porte-électrode et des câbles en bon état d'isolation.

— Si vous avez les mains moites de sueur, utiliser des gants.

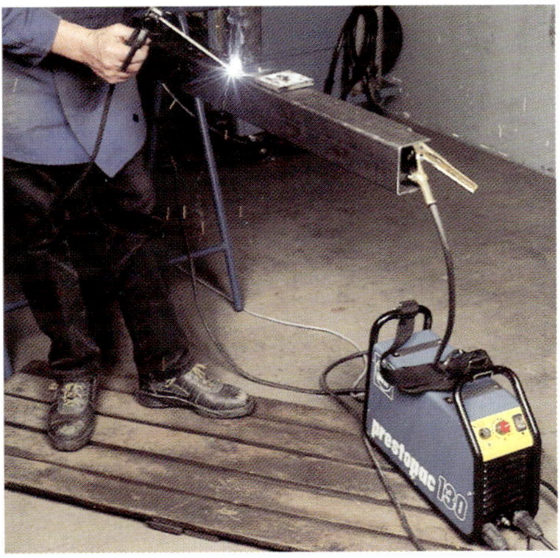

— Ne pas souder en milieu humide.

— Toujours s'isoler de la structure sur laquelle on soude.

— L'utilisation d'un caillebotis en bois est souvent une bonne solution.

PRÉVENTION CONTRE LES BRÛLURES

Outre les brûlures classiques dont les mains peuvent être victimes, il faut être particulièrement vigilant sur les risques de brûlures par éclats de laitier qui peuvent occasionner des lésions graves, principalement aux yeux.

REMÈDE

— Porter des lunettes, ou mieux, une visière de piquage.

Sécurité

Ne jamais piquer le laitier à chaud*, ceci est mauvais pour la soudure et dangereux pour l'opérateur et son environnement proche.*

PRÉVENTION CONTRE LES RISQUES D'INTOXICATIONS LÉGÈRES

Dans des conditions normales de travail, c'est-à-dire dans un endroit aéré, les risques provoqués par la fumée des électrodes sont faibles. Néanmoins, on évitera de respirer les fumées. Le risque augmente plus l'endroit est exigu et l'atmosphère confinée.

— Souder sur des pièces plastifiées, recouvertes de zinc (galvanisation) ou de peinture, peut être dangereux.

— Il faut nettoyer parfaitement les parties à souder, l'exécution de la soudure en sera facilitée, la qualité de la liaison sera améliorée et le travail se fera dans de bonnes conditions d'hygiène et de sécurité.

Sécurité

Ne jamais souder sur des pièces nettoyées au trichloréthylène, ces vapeurs sont extrêmement nocives.

PRÉPARATION DES BORDS

La préparation des bords est une opération importante. Les bords à souder doivent être débarrassés de la rouille en plaque, de la peinture, de l'excès d'huile ou de graisse, et en règle générale de tous corps étrangers au métal à souder tant pour des questions de qualité de la soudure que pour des raisons d'hygiène du soudeur.

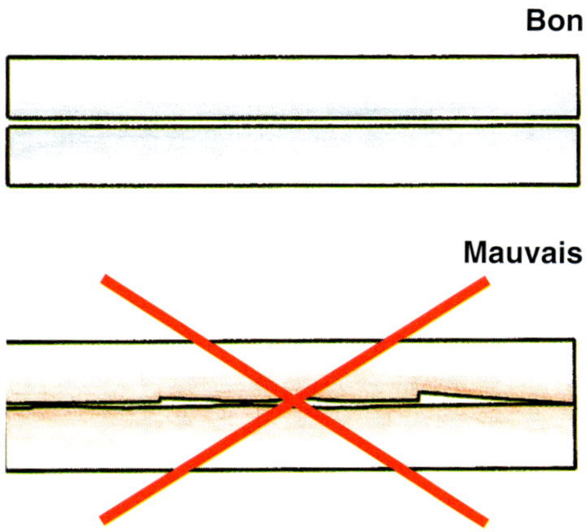

— Les bords doivent être rectilignes et parallèles.

— La pénétration, donc la résistance de la soudure, dépend beaucoup de cette préparation.

Rappel

La pénétration est la profondeur de pièce fondue par l'arc, sur des pièces bien préparées elle est sensiblement égale au diamètre nominal de l'électrode utilisée.

PRÉPARATION DES BORDS EN FONCTION DE L'ÉPAISSEUR ET POUR UNE PÉNÉTRATION OPTIMALE

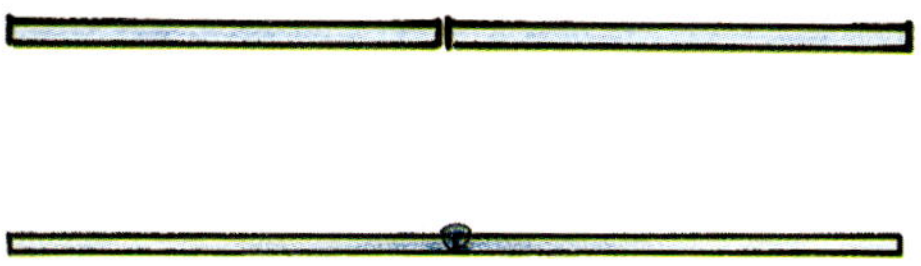

Bord à bord sans écartement (on dit aussi bout à bout)

Épaisseurs
1,5 mm ou 2 mm.

Électrodes
Ø 1,6 mm ou 2 mm.

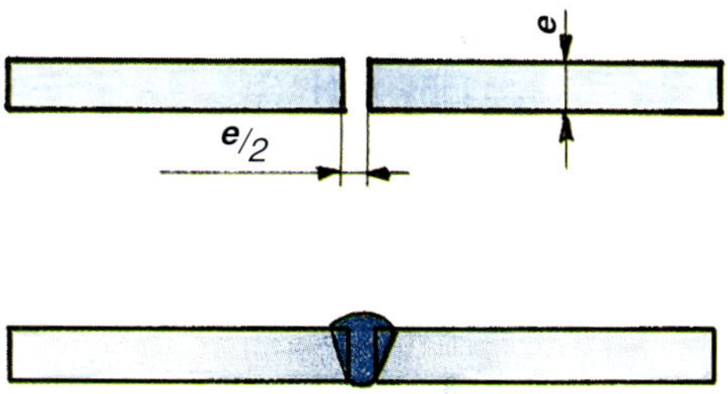

Bord à bord avec écartement égal à la moitié de l'épaisseur sans reprise à l'envers

Épaisseurs
2 mm à 4 mm.

Électrodes
Ø 2,5 mm ou 3,15 mm.

Bord à bord avec écartement égal à la moitié de l'épaisseur avec reprise à l'envers

Épaisseurs
4 mm à 6 mm.

Électrodes
Ø 3,15 mm.

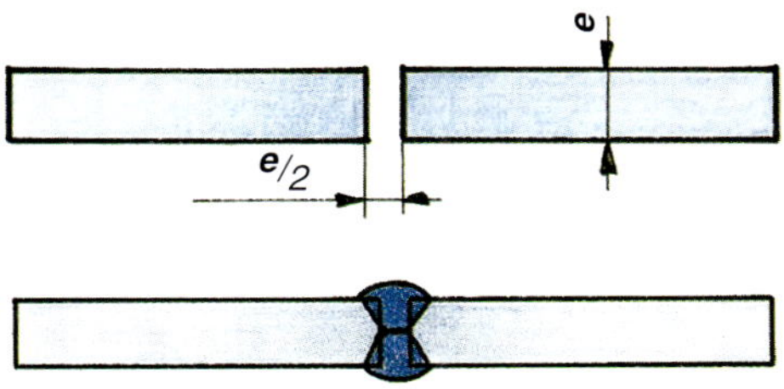

Bord à bord avec chanfreins en V

Épaisseurs
6 mm à 8 mm ou plus si la soudure n'est accessible que d'un seul côté.

Électrodes
Ø 3,15 mm ou 4 mm.

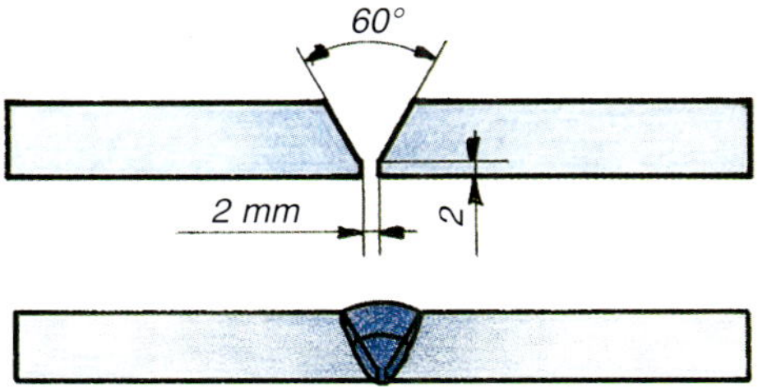

Bord à bord avec chanfreins en X

Épaisseurs
8 mm et plus.

Électrodes
Ø 3,15 mm ou 4 mm.

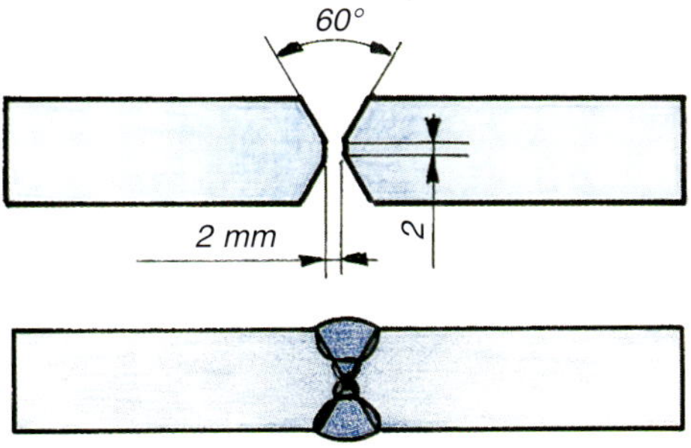

— En soudure bord à bord sans chanfrein et sans reprise à l'envers, casser l'arête inférieure des pièces favorise la pénétration.

— L'angle des chanfreins doit être suffisant pour permettre à l'électrode d'accéder au cœur de la pièce.

Bon

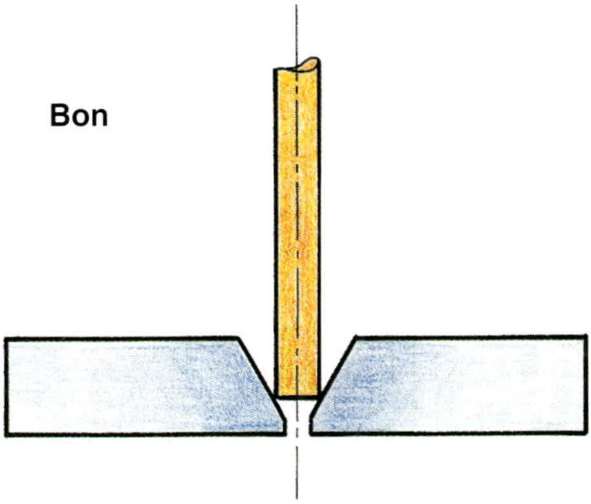

Mauvais

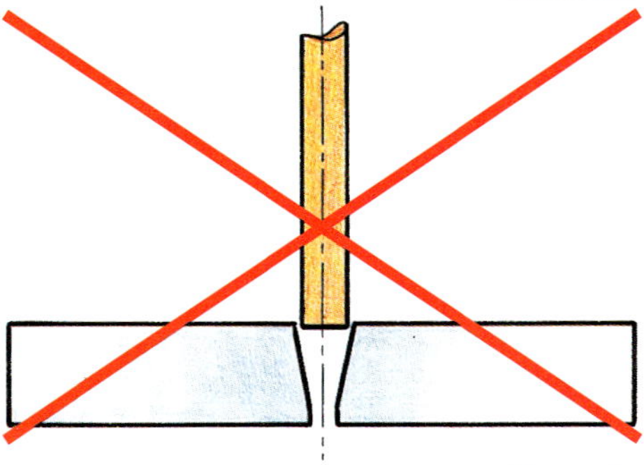

— Trop étroit, il ne remplit pas son rôle.

Mauvais

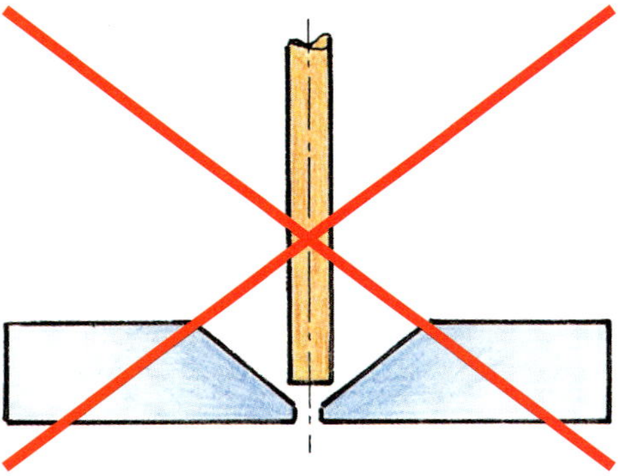

— Trop large, il nécessitera un rechargement inutile et coûteux avec des risques de déformations supplémentaires.

PRÉPARATION D'UN SOUDAGE EN ANGLE EXTÉRIEUR

— Réalisable surtout si la reprise à l'envers est possible et que l'arête extérieure n'est pas souhaitée.

Note

Si la reprise à l'envers n'est pas possible, la première passe s'effectuera avec une intensité supérieure de 10 % pour assurer une bonne pénétration.

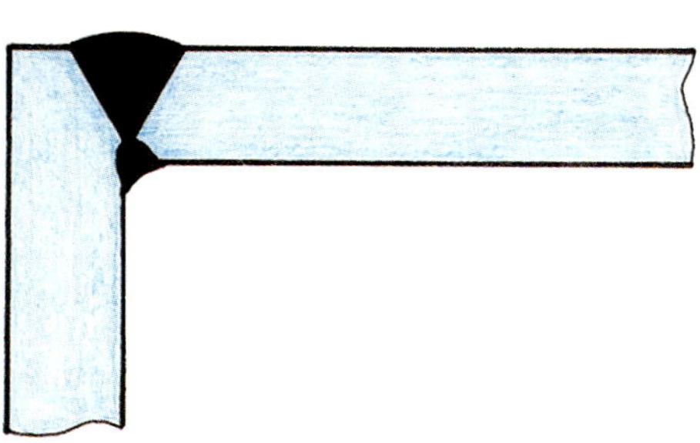

— Préférable avec reprise à l'envers chaque fois que possible.

— Idéal mais plus délicat à réaliser.

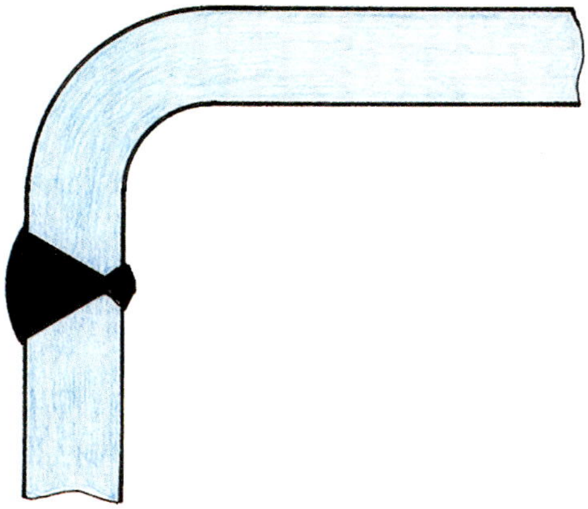

SOUDAGE SUR ÉPAISSEURS INFÉRIEURES À 2 MM

Le soudage sur épaisseurs minces est délicat, il est cependant possible d'éviter l'effondrement en utilisant un artifice de soudeur.

— Soit en plaçant un support en cuivre.

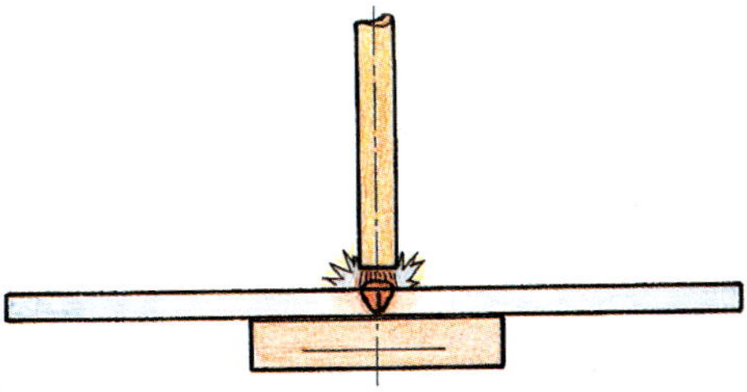

— Soit si l'envers de la soudure n'est pas visible ou le permet, une bande de tôle martyre.

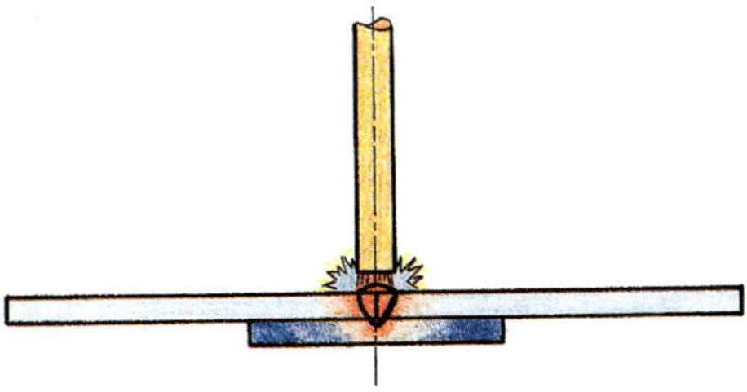

Comment éviter l'effondrement d'un angle ou d'une extrémité ?

— Après soudure, la cale martyre sera arasée.

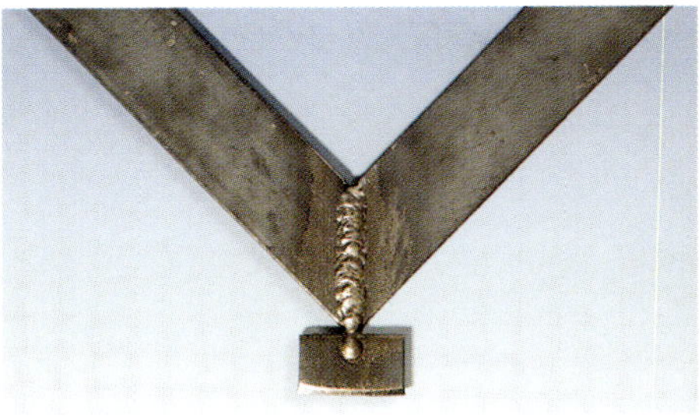

MISE EN POSITION ET MAINTIEN EN POSITION DES PIÈCES

Nous abordons maintenant la réalisation de l'assemblage soudé. Ces notions de MIse en Position (MIP) suivies du MAintien en Position (MAP) des pièces sont primordiales, elles conditionnent fortement la réussite de l'assemblage soudé et plus globalement la réussite de l'ouvrage dans son ensemble.

Ainsi, une première règle s'impose.

Règle

Ne jamais pointer ou souder des pièces qui ne sont pas parfaitement en place.

Cette mise en position (MIP) s'effectuera sur une surface plane à l'aide de la règle et de l'équerre ou encore sur un tracé précis réalisé à échelle 1.

Dégauchir deux barres posées sur des trétaux constitue l'équivalent d'un plan pour des pièces de grandes dimensions.

La mise en position sera toujours suivie du maintien en position (MAP), le but étant de maintenir fermement les pièces en bonne place, avant, pendant, et même après le soudage, pendant la période de refroidissement de la soudure. Ceci permet de lutter efficacement contre les déformations dues essentiellement aux phénomènes de dilatation et de retrait occasionnés par le chauffage.

→ *L'étau du soudeur permet de positionner et de maintenir efficacement un angle avant, pendant et après le soudage.*

Le soudage sur gabarit permet de lutter efficacement contre les déformations. ↓

— Lors de la mise en position et du maintien, penser à l'accessibilité des soudures, pour souder sans être gêné et extraire facilement la pièce après soudage.

Règle

Mieux la soudure est préparée, plus facile est son exécution et meilleur sera le résultat.

DÉFORMATIONS EN SOUDURE

Souder entraîne des déformations de l'ouvrage à réaliser. Ces déformations sont dues essentiellement à l'élévation de température nécessaire au soudage suivi du refroidissement. C'est donc dans les phénomènes de dilatation et de retrait du métal qu'il faut chercher les causes, les effets et les remèdes à ces déformations.

PRINCIPALES CAUSES ET PRINCIPAUX EFFETS

DILATATION ET RETRAIT DES PIÈCES, CAUSE N° 1

Entre le moment où l'on positionne les pièces et le moment où elles sont solidarisées par la soudure, il y a dilatation des bords, ce qui équivaut à souder des pièces qui ne sont pas parfaitement en place.

EXEMPLE : SOUDAGE BORD À BORD À PLAT

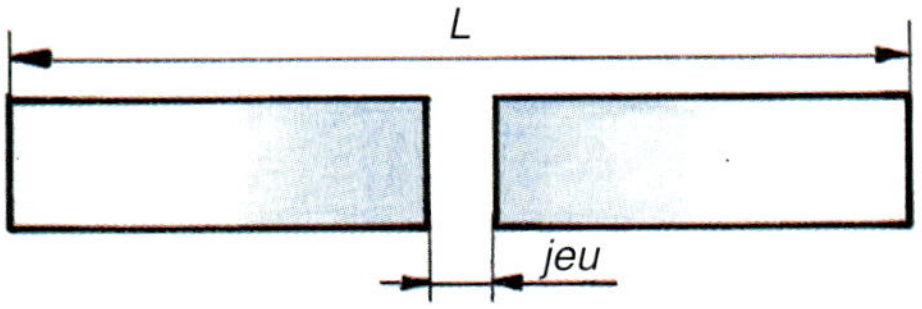

1.

1. Mise en position et maintien en position des pièces à température ambiante (20 °C).

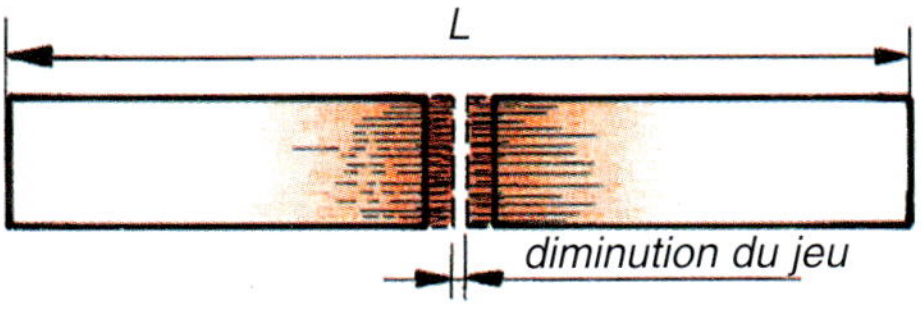

2.

2. Montée en température des pièces jusqu'à fusion (1 450 °C).

— Diminution du jeu due à la dilatation des bords.

3. Soudage sur jeu restreint, après refroidissement et libération de la pièce, la cote « **L** » aura diminuée.

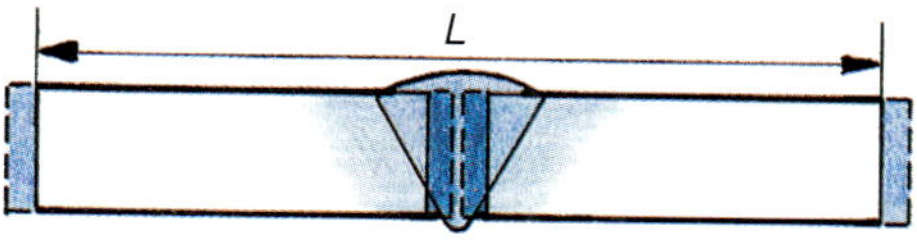

3.

RETRAIT DU MÉTAL DÉPOSÉ, CAUSE N° 2

EXEMPLE : SOUDAGE EN ANGLE INTÉRIEUR

Pendant la soudure, le métal déposé est liquide . Dès qu'il se solidifie, il entame avec le refroidissement un processus de retrait, donc une diminution de longueur, ce qui entraîne des déformations.

1. Mise en position à température ambiante (20 °C). →

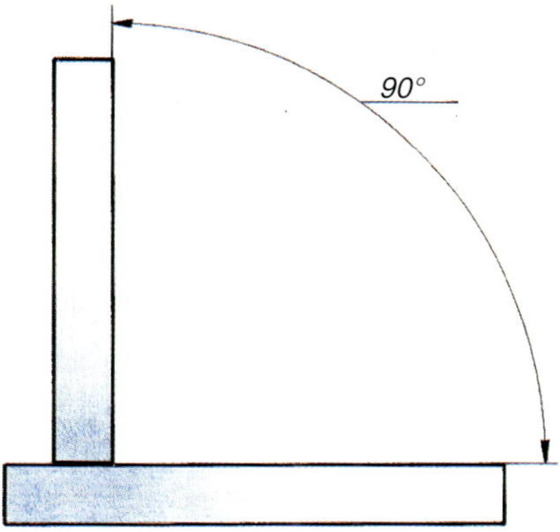

1.

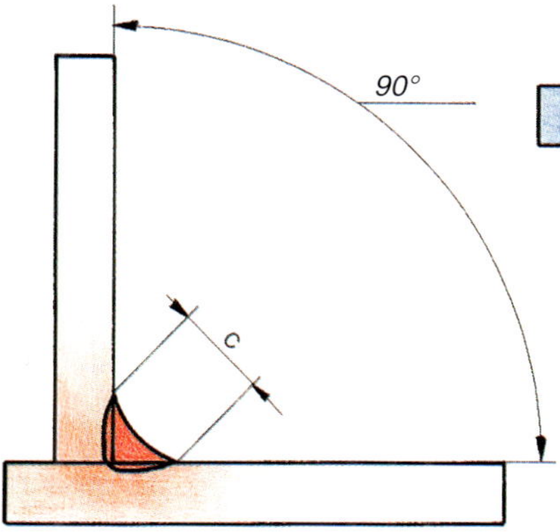

2. Dépôt d'un cordon de métal à l'état liquide, donc dilaté. ←

3. Au refroidissement, la cote « **C** » diminue par effet de retrait et ferme l'angle en tirant sur les pièces. →

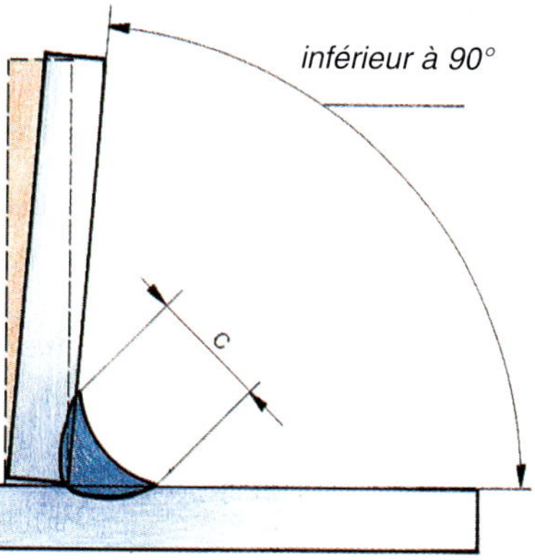

3.

L'EFFET DE FORGEAGE, CAUSE N° 3

Lors de la montée en température, donc de dilatation de la zone soudée, à partir de 600 °C et jusqu'à fusion, l'acier devient de plus en plus malléable* et donc facilement déformable.

Si la dilatation ne peut s'effectuer librement, il y a déformation par forgeage (tassement de la matière), si bien qu'après refroidissement, les pièces ne retrouveront plus leur forme originelle.

EXEMPLE : SOUDAGE SUR TUBE

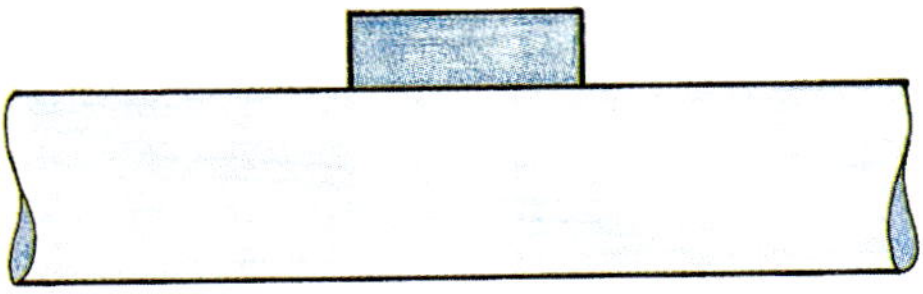

1.

1. Mise en position, le tube est droit.

←

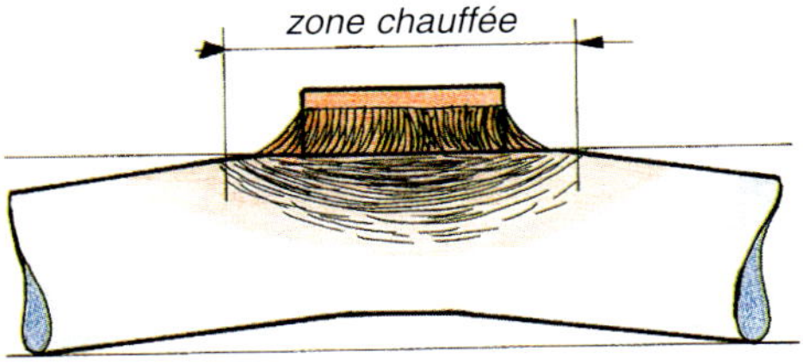

2.

2. Soudage de la patte, la dilatation ne peut s'effectuer librement du fait de la résistance du profilé.

— Il y a forgeage (tassement) de la zone chauffée.

←

3.

3. Après refroidissement, ce tassement ne disparaîtra pas totalement, entraînant une déformation élastique du tube.

←

On voit qu'avec un peu de réflexion il est possible de prévoir les sens des déformations mais beaucoup plus difficile d'en prévoir l'ampleur, d'autant que ces causes et ces effets se combinent souvent entre eux.

Note

Lors de la conception comme lors de la réalisation d'un ouvrage, il faut avoir ces phénomènes à l'esprit pour mieux y remédier.

* *Voir lexique.*

LUTTER CONTRE LES DÉFORMATIONS

PRINCIPAUX REMÈDES

AVANT SOUDAGE

— Lors de la mise en position (MIP), réserver un jeu pour tenir compte des causes n° 1 et n° 3. Jeu également souhaitable pour une bonne pénétration de la soudure.

— Tenir compte des déformations naturelles des barres, pour les corriger et non les accentuer.

— Pointer les pièces selon le schéma ci-dessous en respectant l'ordre des points et en corrigeant systématiquement toutes les déformations entre chaque point.

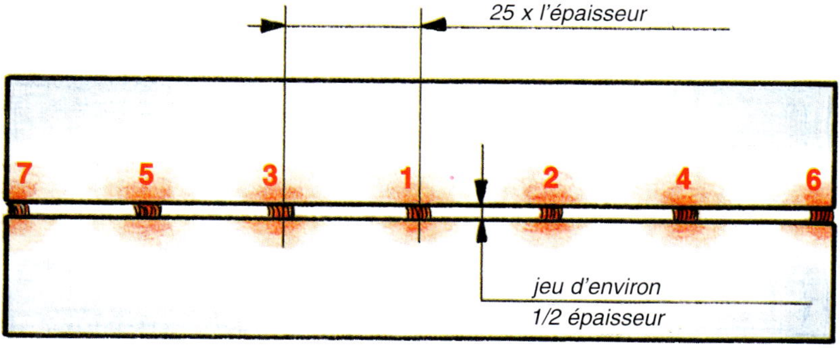

— Lors du maintien en position (MAP), brider solidement les pièces pour limiter les effets de retrait du métal déposé (cause n° 2) et entraver celles-ci en plaçant des serre-joints ou une écharpe.

1. **Brider les pièces** →

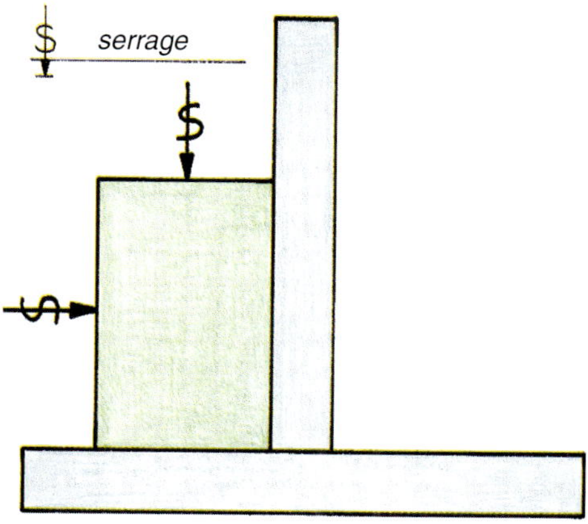

1.

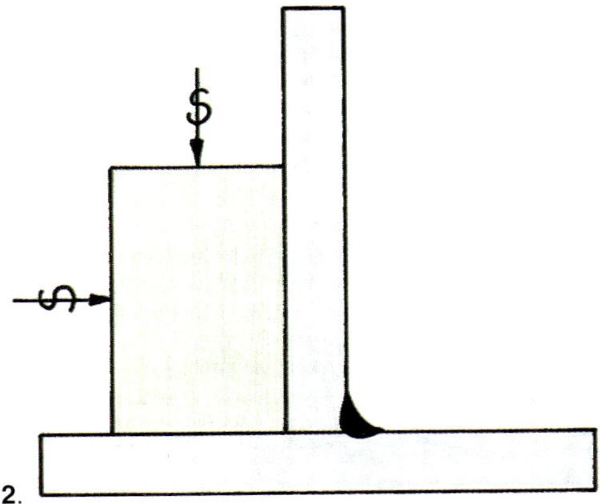
2.

2. Pointer

— Pointer selon la méthode de la page 47.

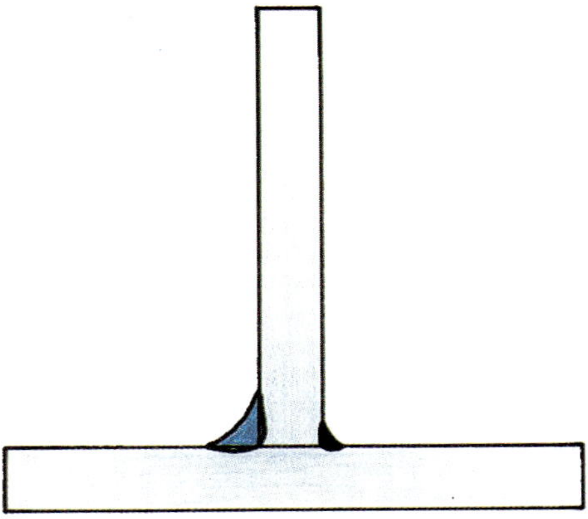
3.

3. Souder le côté opposé aux points

— Dès que les pièces sont débridées, vérifier fréquemment l'évolution de l'équerrage, alterner les cordons de soudure et inverser leur sens en tenant compte de la cause n° 2.

4.

4. Souder sur les points

PENDANT LE SOUDAGE

— Alterner les cordons de soudure pour en contrarier les effets et ainsi limiter les déformations.

Mise en place d'une écharpe

— Avant soudage et pour le maintien en position de l'angle, on pointe une chute de profilé rigide qui empêchera la variation de l'angle.

Attention

Placer les points d'un même côté de l'écharpe pour faciliter la dépose.

Écharpe.

— Après la soudure de l'angle, les points seront meulés, cassés, et les pièces ragréées à la meuleuse portative.

APRÈS LE SOUDAGE

Il est souvent quasi impossible d'éviter totalement les déformations mais toutes les précautions précédentes ayant été prises, ces déformations résiduelles sont rectifiables.

Rectification par chocs ou par pression

— Par chocs : sur barres pleines.

— Par pression : sur profilés.

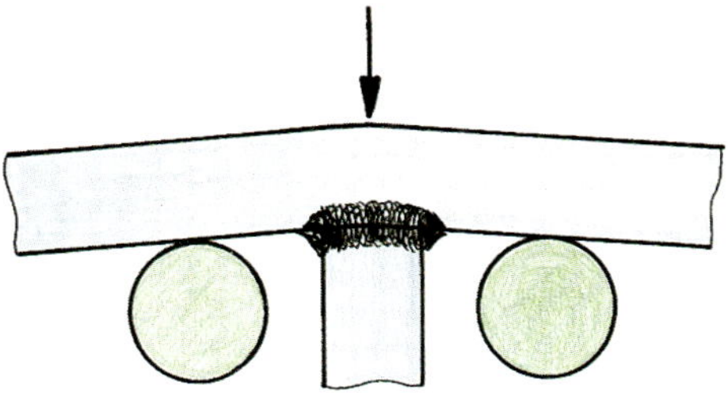

Rectification par chaudes de retrait

— Cette méthode s'applique principalement sur les profilés tubulaires.

— De petits points de chauffe à environ 600 °C (début du rouge) suivis d'un refroidissement brutal (à l'eau) entraînent les mêmes déformations qu'une soudure mais à l'opposé.

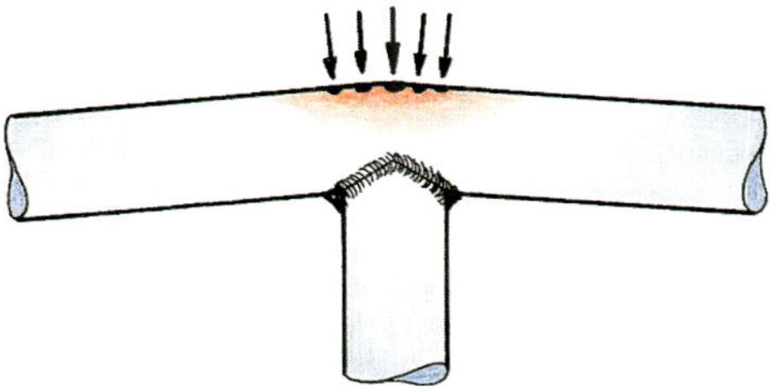

De petites soudures exécutées dans les mêmes conditions peuvent avantageusement remplacer ces points de chauffe. Mais ensuite il faut ragréer les soudures.

Remarque

Si la pièce est placée sous contraintes, l'effet de forgeage (cause n° 3) sera accentué et la correction se fera plus aisément.

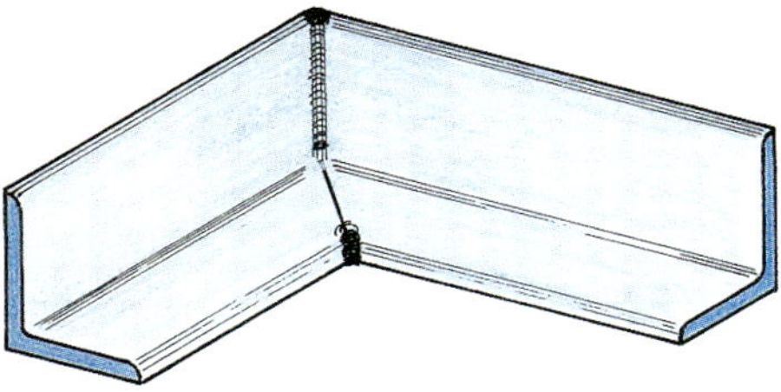

Rectification par martelage

Nous avons vu précédemment que lors du soudage, des phénomènes de retrait (cause n° 3) entraînent des déformations.

— Un martelage bien mené allonge la matière et permet de compenser ce retrait.

— C'est une opération délicate, qui requiert un peu de savoir-faire, mais très efficace.

— Cette méthode s'applique aussi avantageusement pendant le pointage, elle permet de compenser le retrait des points et ce quand les pièces ne sont pas encore totalement solidarisées.

VARIATION D'UN ANGLE EN FONCTION DU SENS DE SOUDAGE

Le sens de soudage entraîne des variations dans les déformations. Ainsi dans le soudage d'un angle en fer plat ou en fer cornière, on peut observer les variations ci-contre.

Mise en position

— Avant soudage.

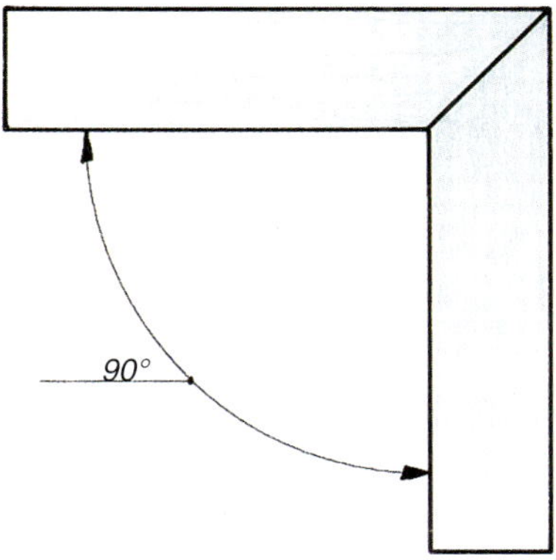

— Après soudage vers l'extérieur.

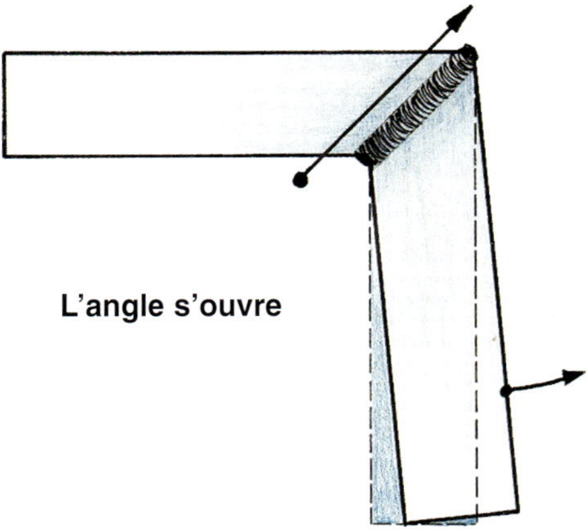

L'angle s'ouvre

— Après soudage vers l'intérieur.

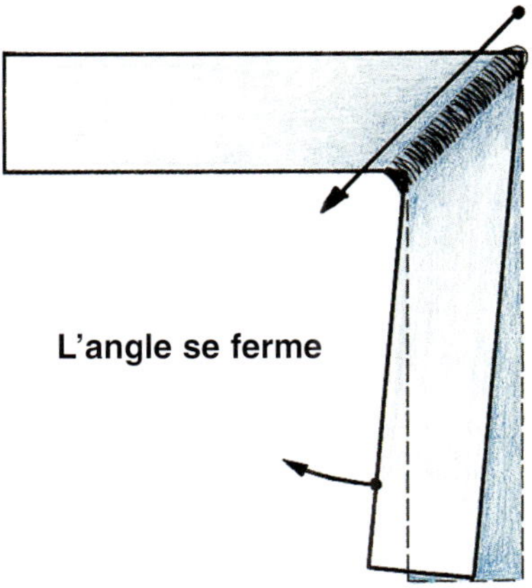

L'angle se ferme

> ***Remarque***
>
> *On préférera une déformation qui ferme l'angle, celle-ci est plus facile à corriger par martelage selon la méthode exposée page 50.*

PROCÉDER AU MONTAGE PAR L'ASSEMBLAGE DE SOUS-ENSEMBLES

Exemple : réalisation d'un cadre.

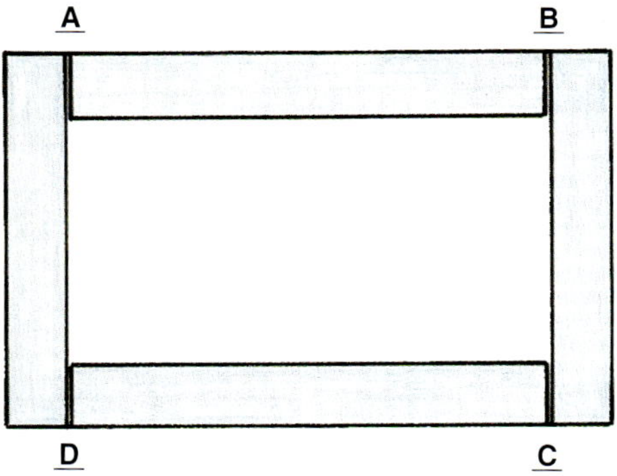

— 4 éléments constitutifs à débiter avec précision.

— 4 angles à souder (A, B, C et D).

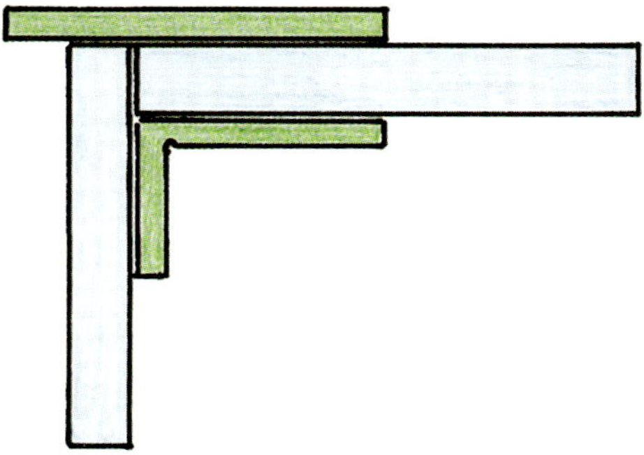

MÉTHODE

Souder A

— Mise en position à l'aide de la règle et de l'équerre.

— Maintien en position par serrage.

— Pointage et soudage de l'angle.

— Contrôle et rectification selon la méthode exposée page 50.

— Ragréer les soudures.

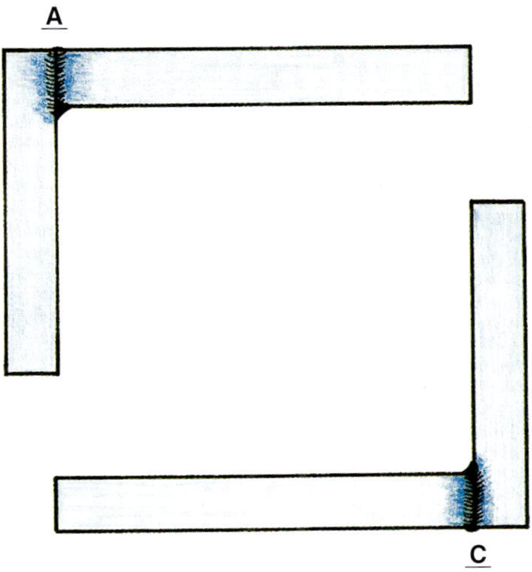

Souder C : angle opposé à A

— Même méthode que pour A.

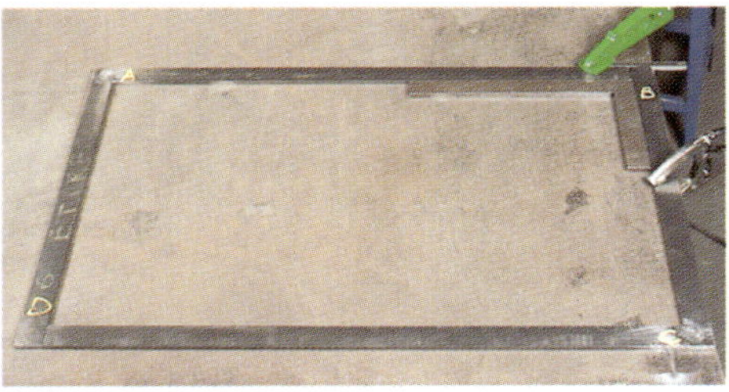

Assemblage du cadre

— Mise en position des 2 demi-cadres, veiller à bien dégauchir l'ensemble et à contrôler les angles B et D à la règle et à l'équerre.

— Maintien en position.

— Pointage alterné de B et de D.

— Contrôle fréquent des déformations.

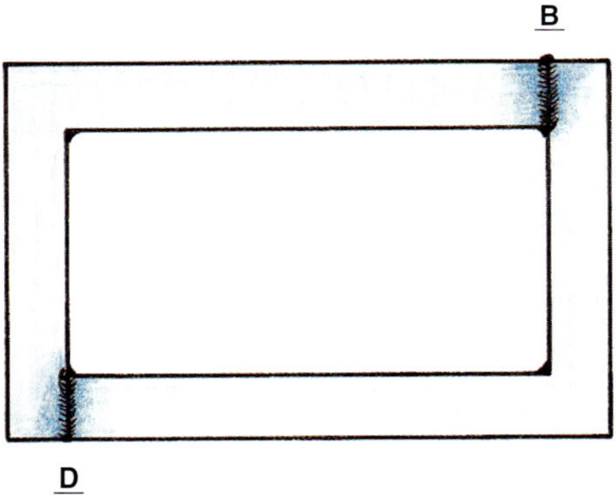

— Soudage alterné de B et de D.

— Contrôle des déformations en cours de soudage.

Ragréer B et D.

Autre possibilité d'un maintien local.

— Maintien local d'un angle à l'aide d'une simple plaque et de pinces étaux.

RÉALISER DES ASSEMBLAGES

RÉALISER DES ANGLES SUR DES PROFILÉS

L'ANGLE D'ONGLET

— Convient à tous les profilés mais délicat à réaliser surtout si l'on ne possède pas de machine de débit car la coupe à 45° doit être usinée avec précision.

— Incontournable dans le cas de profilés complexes.

Exemple :
photo ci-dessus.

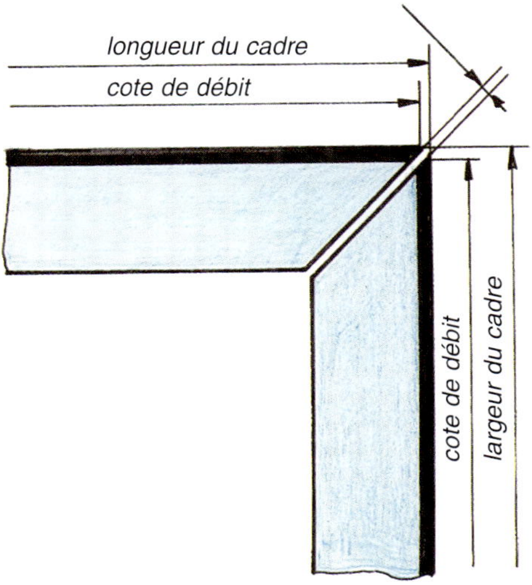

L'ANGLE GRUGÉ *

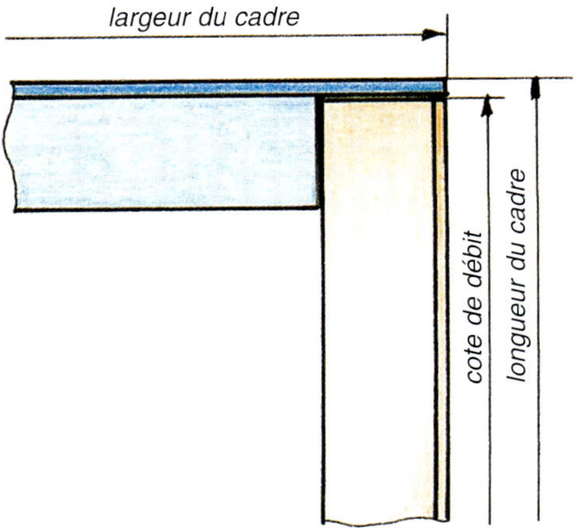

— La préparation de cet angle est un peu plus longue mais elle permet de respecter des cotes précises lors de la mise en position des pièces et pendant le soudage.

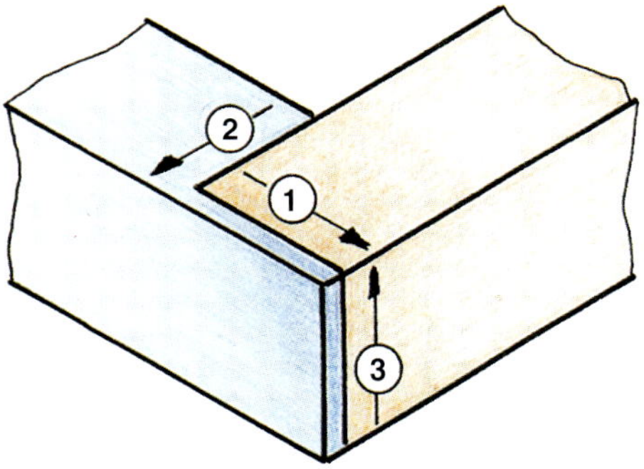

— Sens de soudure recommandé afin d'éviter les effondrements des fins de cordons.

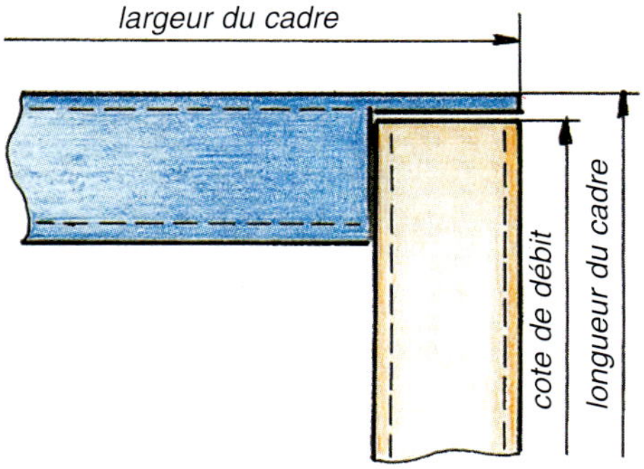

— Même méthode pour un angle en tubes carrés.

* *Voir lexique.*

— Variante sur fer en Té.

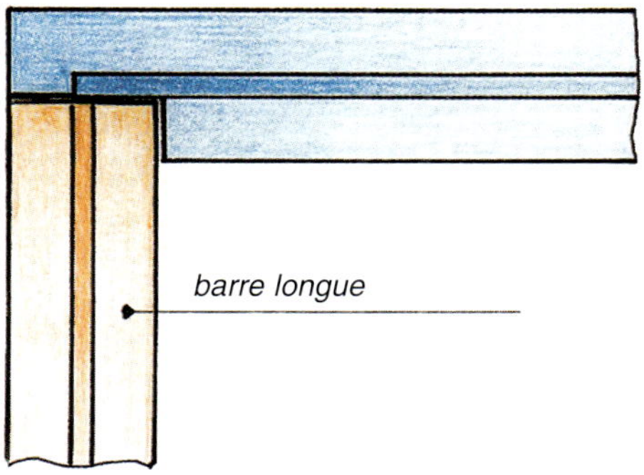

— Dans cet exemple, une seule barre est entaillée. Cette méthode est à privilégier si une des barres est longue et de ce fait difficilement maniable.

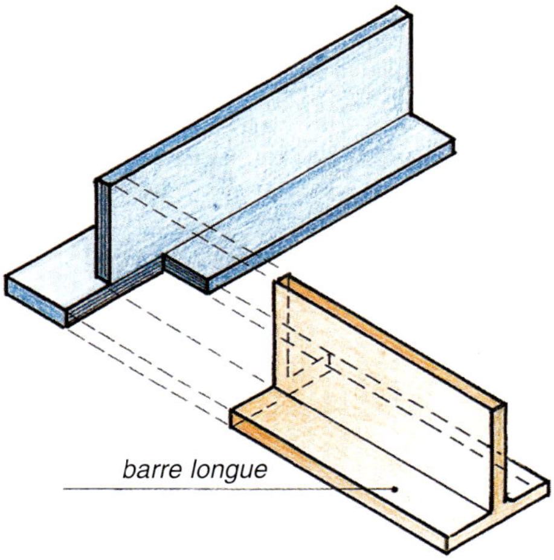

L'ANGLE EN TÉ SUR TUBES CARRÉS OU RECTANGULAIRES

— Très simple d'exécution, c'est un assemblage robuste surtout si l'extrémité du tube est fermée par un bouchon soudé.

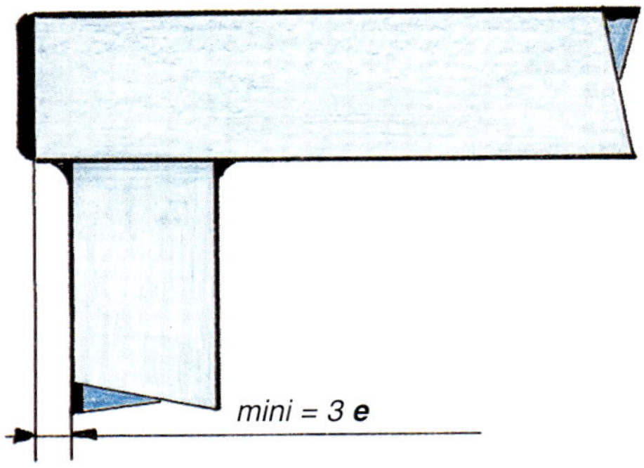

— Si l'assemblage n'impose pas de grandes résistances, on pourra laisser le tube ouvert ou le fermer avec un bouchon plastique.

L'ANGLE COUDÉ SOUDÉ SUR TUBES CARRÉS OU RECTANGULAIRES

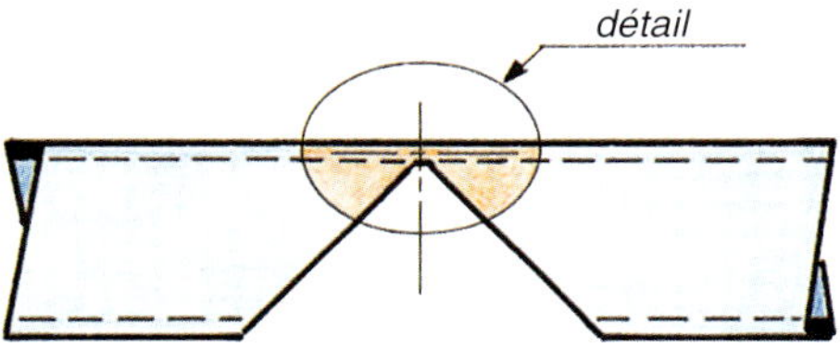

— Entailler le tube.

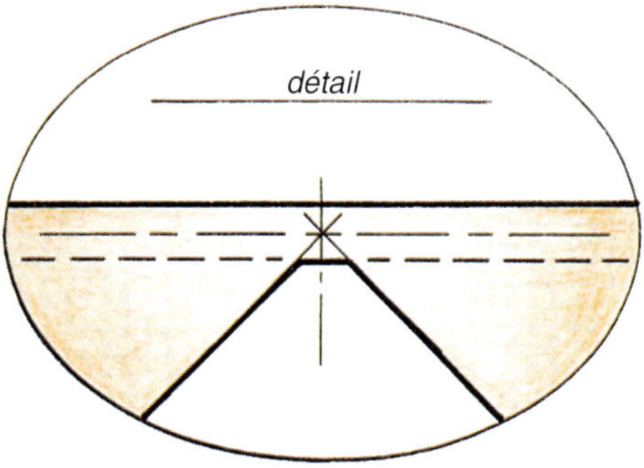

— Détail du traçage. Le point d'épure se situe à l'axe de l'épaisseur ce qui correspond à couder un fer plat.

— Couder puis ajuster au marteau.

— Souder.

ANGLE COUDÉ SOUDÉ SUR FER CORNIÈRE

VARIANTE ET PARTICULARITÉ

Traçage pour un angle à 90°

— On remarquera que le point d'épure de l'angle à 90° se situe à la 1/2 épaisseur de l'aile.

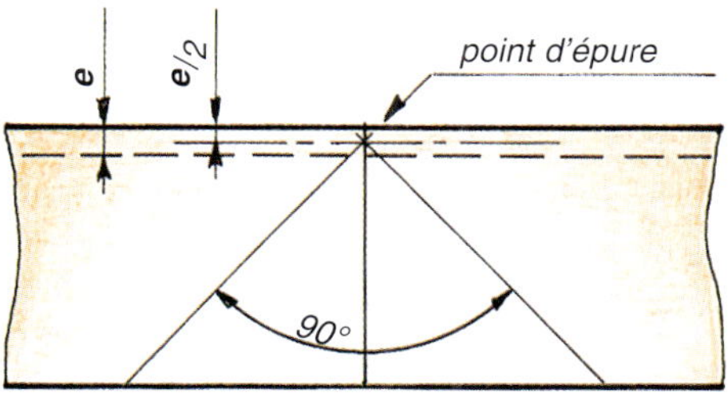

Grugeage*

— Attention à ne pas blesser l'aile restante.

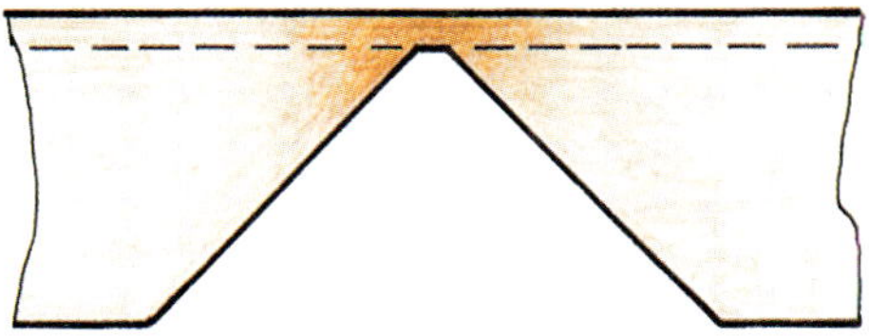

Précoudage

— Un contrecoudage par allongement de l'extérieur de l'aile avec la panne du marteau est souhaitable pour une meilleure réalisation.

Remarque

À défaut d'enclume on utilisera un tas comme en page 50 ou une chute de rail.

* *Voir lexique.*

Coudage

— Puis rectification au marteau.

←

Si vous souhaitez que le métal ne soit pas marqué, équipez les mors de l'étau de mordaches.*

Soudage

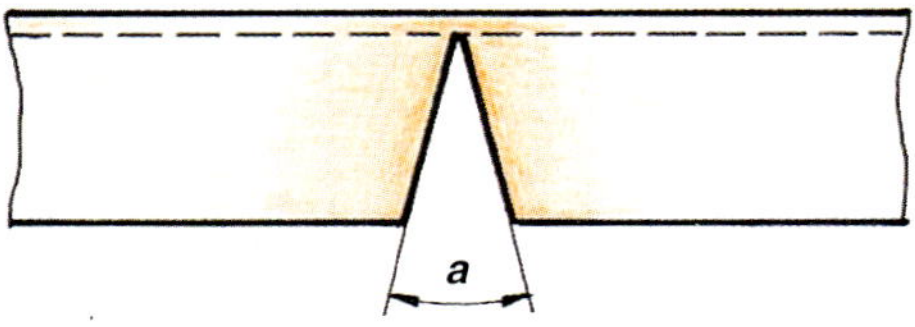

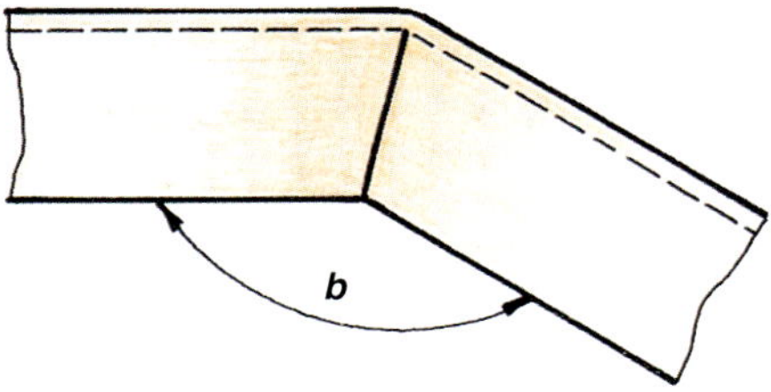

Valeur de l'angle d'entaille

— En fonction de l'angle du pli « b », il faut entailler un angle « a » calculé selon la formule :

$$a = 180° - b$$

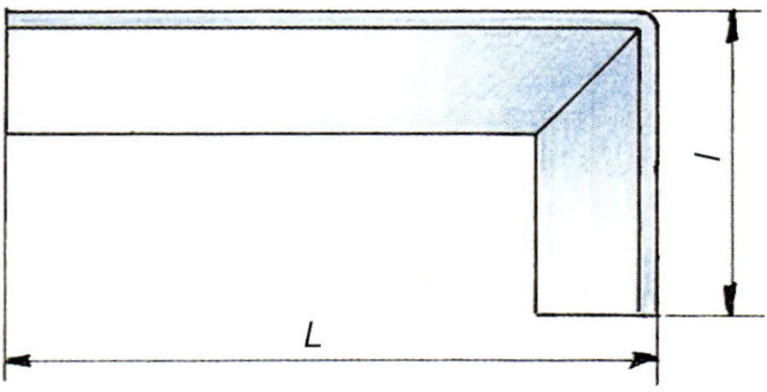

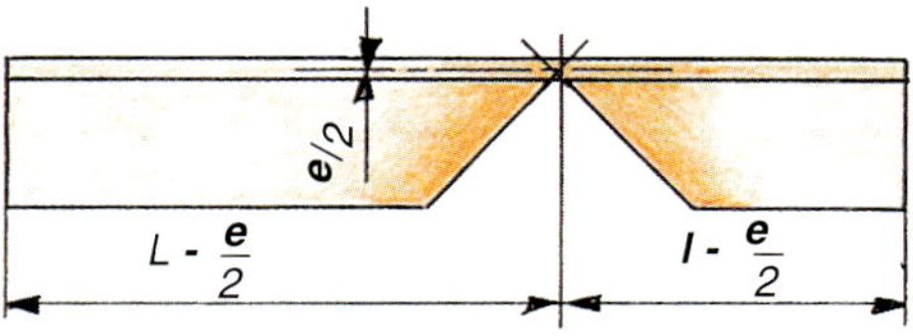

Calcul du développement

— Ce que l'on désire obtenir.

— Ce qu'il faut préparer.

Note

Cette méthode est également applicable aux tubes.

* Voir lexique.

RENFORCER UN ANGLE SUR TUBES CARRÉS OU RECTANGULAIRES

Exemple : traverse et montant en tube carré 60 x 60.

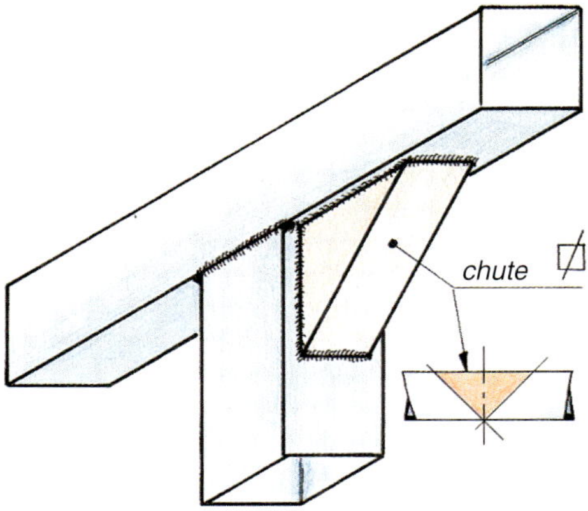

— Gousset, chute de tube rectangulaire 60 x 40.

— Pour une meilleure tenue de l'assemblage on préférera un renfort en tube à un gousset en tôle.

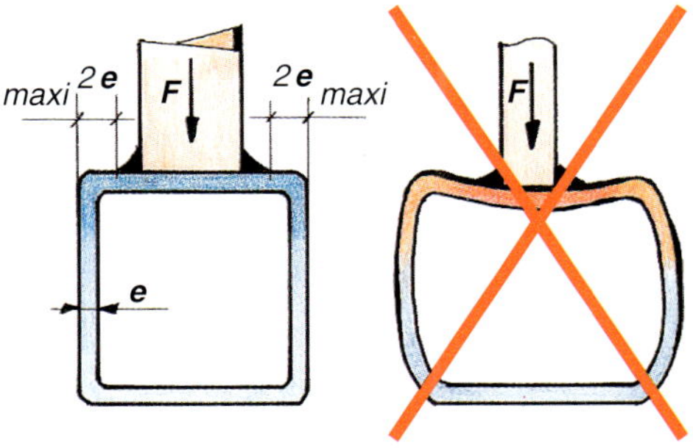

Bon **Mauvais**

RÉALISER UN CADRE

— Quel que soit le profilé utilisé ou le type d'angle choisi, la méthode d'exécution d'un cadre reste la même.

Voir méthode d'assemblage d'un cadre pages 52, 53 et 54.

QUELQUES SUGGESTIONS

Rechercher des assemblages simples

Exemple : un coin de piètement de table.

— Possible mais compliqué.

— Beaucoup plus simple tant au niveau des débits que des soudures et beaucoup plus résistant.

Autre exemple : un support d'étagère de rangement en cornière.

— Possible mais il faut gruger la traverse.

— Beaucoup plus simple à préparer et à souder.

Suivant le besoin la cornière peut être indifférement placée à l'extérieur, comme le montre le dessin, ou à l'intérieur, dans ce cas elle sera de section un peu plus faible ou inégale (voir tableaux page 92).

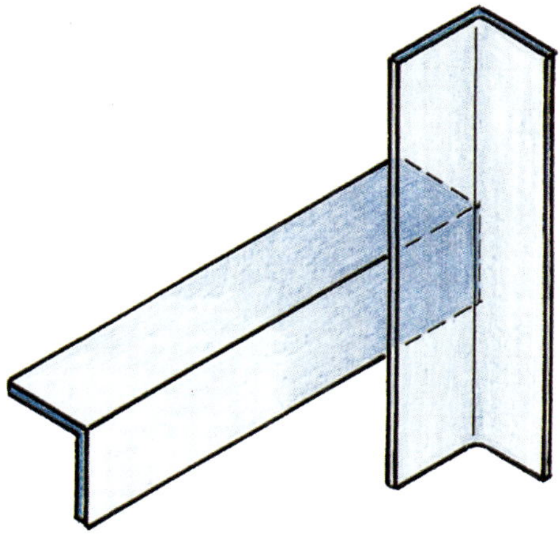

Moduler les sections

Autre exemple : entre-jambe de table.

— Possible mais délicat au niveau de la mise en position et de l'affleurement des soudures.

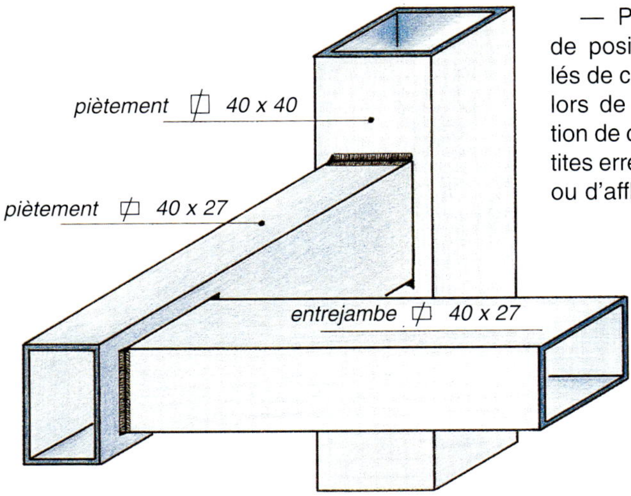

— Préférable, le fait de positionner les profilés de cette façon permet lors de la mise en position de compenser de petites erreurs de dimension ou d'affleurement.

Autre exemple : barreaudage de balcon.

— Possible : toutes les sections sont identiques.

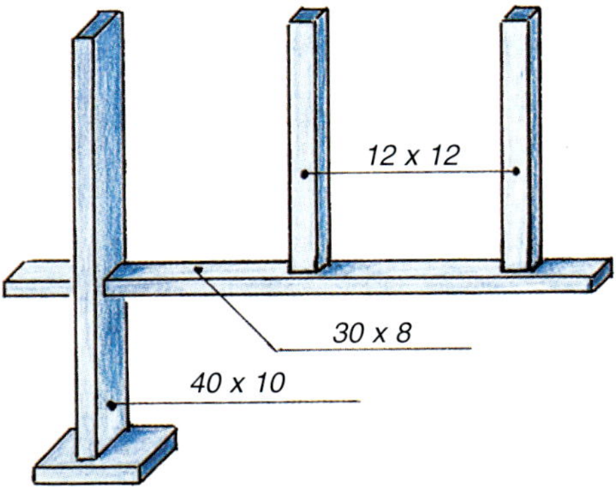

— Préférable.

Poteau, plat de 40 x 10.
Lisse, plat de 30 x 8.
Barreaux, carré 12 x 12.

— Moduler les sections permet de simplifier le travail, de plus l'ouvrage gagne souvent en esthétique.

ASSEMBLAGE DE TUBES CARRÉS SUR ANGLE

D'une belle esthétique, cette façon simple d'assembler les tubes permet des réalisations originales.

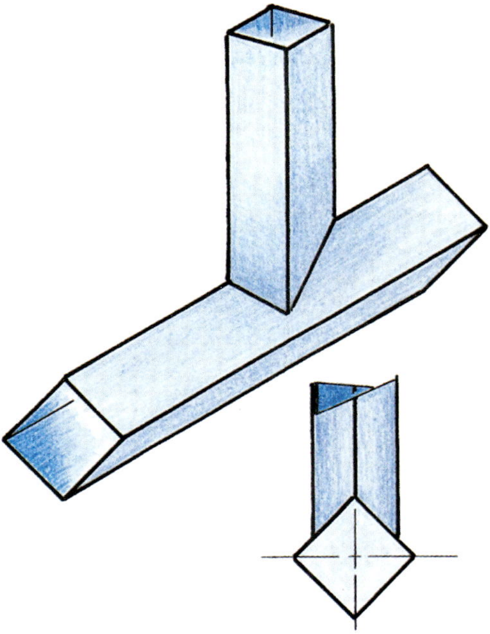

En extérieur cette manière de placer le tube sur diagonale permet de lutter efficacement contre la corrosion en facilitant l'écoulement de l'eau et le séchage naturel de l'ouvrage. Par ailleurs l'accès étant plus simple les couches de peinture d'entretien sont facilitées.

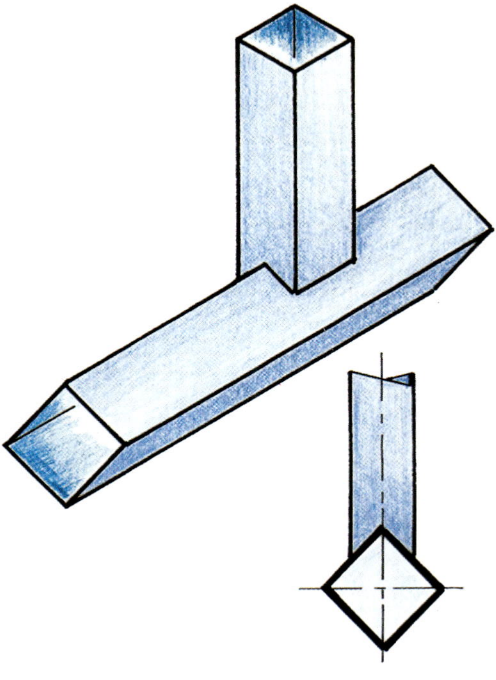

ASSEMBLAGE DE FER ROND SUR TUBE CARRÉ

Exemple : échelles d'étagères.

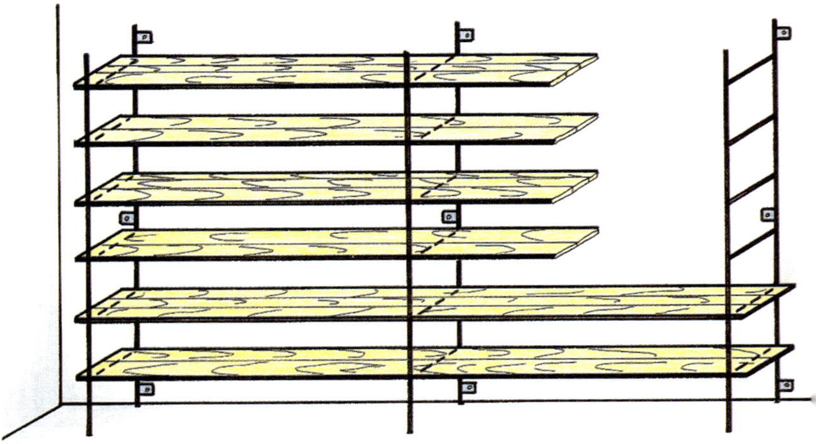

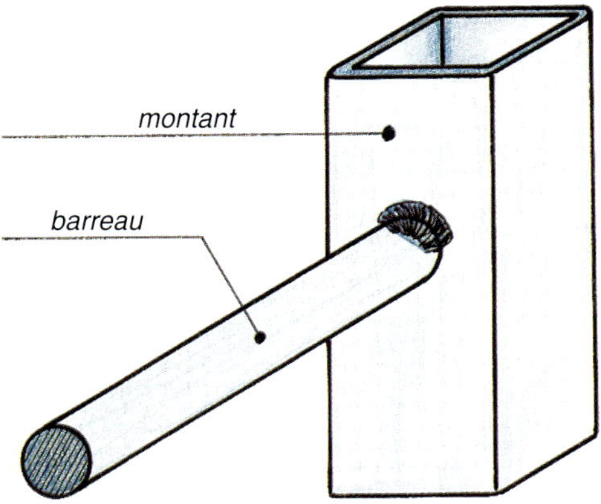

Un cordon de 10 mm suffira, sa fonction est dans ce cas de solidariser l'assemblage, la résistance étant assurée par l'emboîtement.

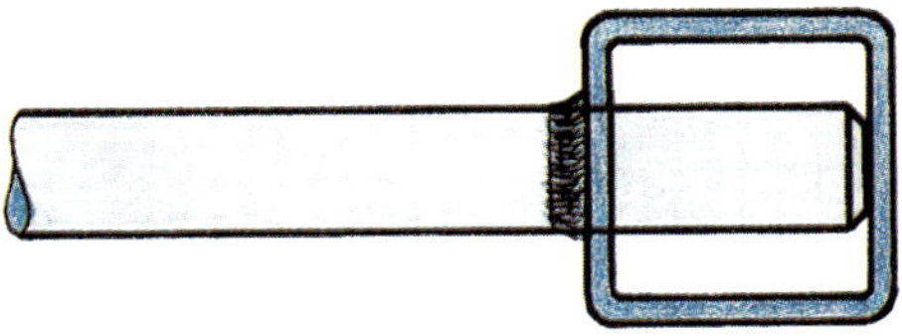

On remarque que le barreau est en butée au fond du tube. Débité avec précision, il facilite la mise en position lors du soudage.

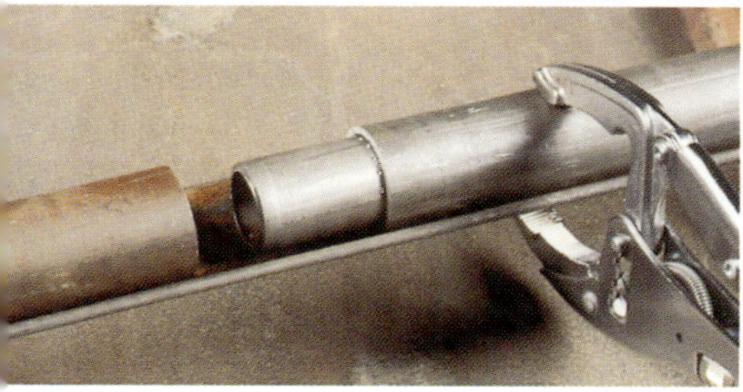

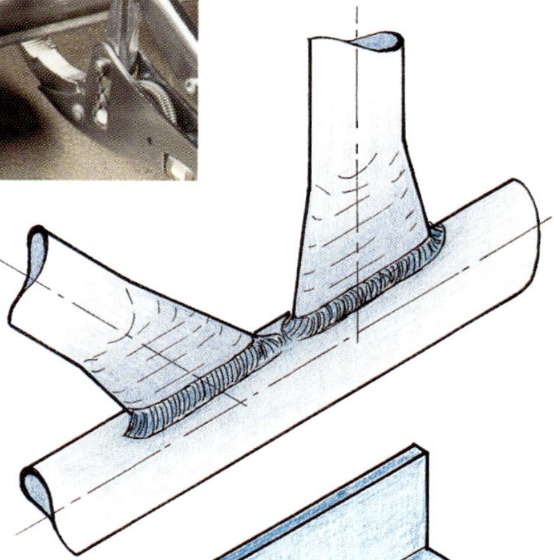

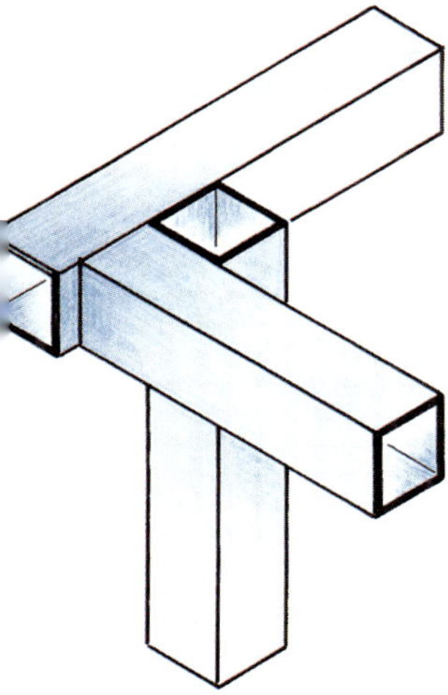

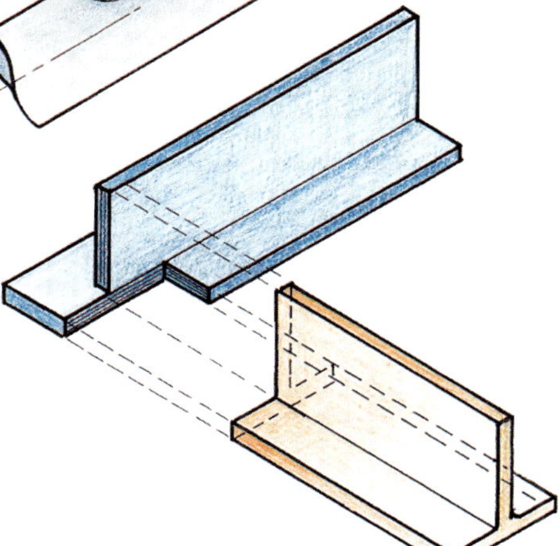

RÉALISER DIVERS ASSEMBLAGES

LE RIVET SOUDÉ

— Apparenté à la fois au rivet et au point de soudure, il permet la liaison de pièces de faibles épaisseurs entre elles ou sur des profilés plus épais.

— Très esthétique, cette liaison ne laisse aucune trace après ragréage du point.

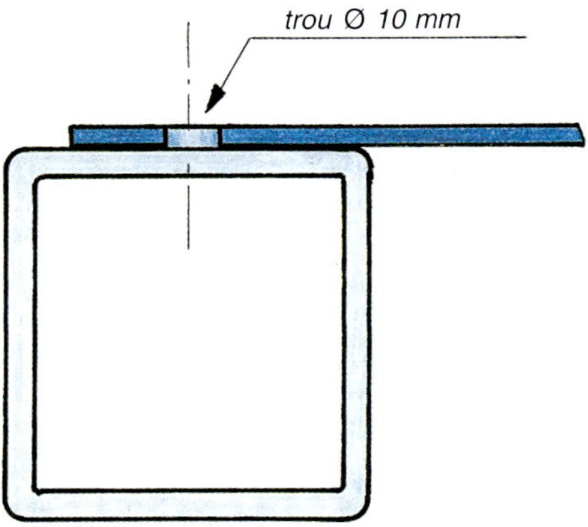

Exemple : assemblage d'un panneau de tôle épaisseur 2 mm sur un profilé carré de 40 x 40 x 2.

Méthode

— Percer des trous de Ø 10 mm ou 12 mm dans le panneau de tôle.

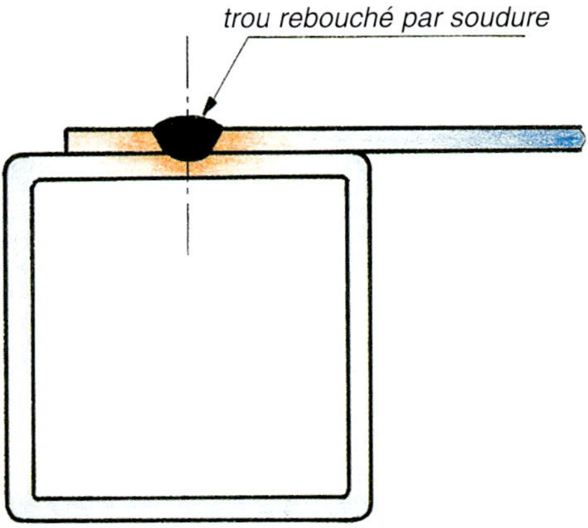

— Reboucher le trou par soudure en assurant bien la liaison à fond de trou (électrode Ø 2,5 mm).

— Après soudage, ragréer le point de soudure si nécessaire.

RALLONGEMENT DE BARRES

Exemple : barres cylindriques.

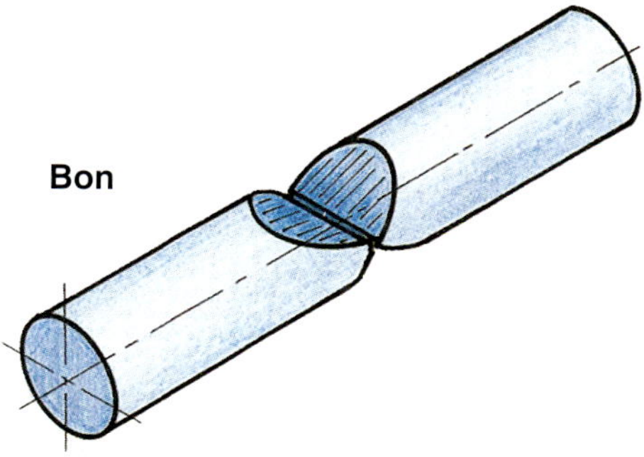

— La préparation s'effectue avec un chanfrein en sifflet et non en pointe car cet enlèvement de matière est inutile et devra être rechargé lors du soudage.

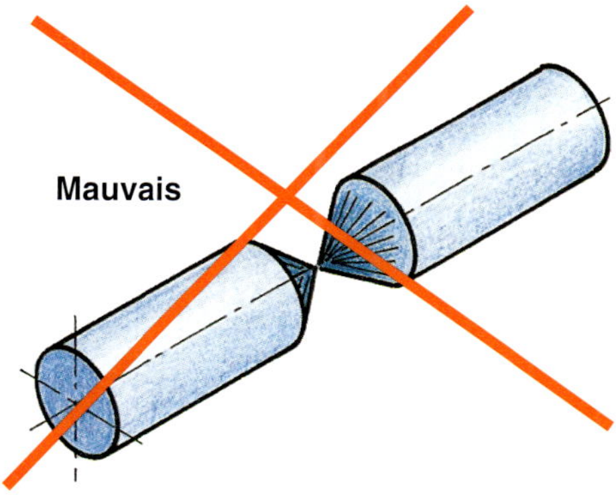

Soudage

— Mise en position.
Pour garantir l'alignement on utilise une cornière.

— Maintien en position.
Bloquer les pièces dans la cornière avec des pinces étaux.
Souder en retournant après chaque cordon.

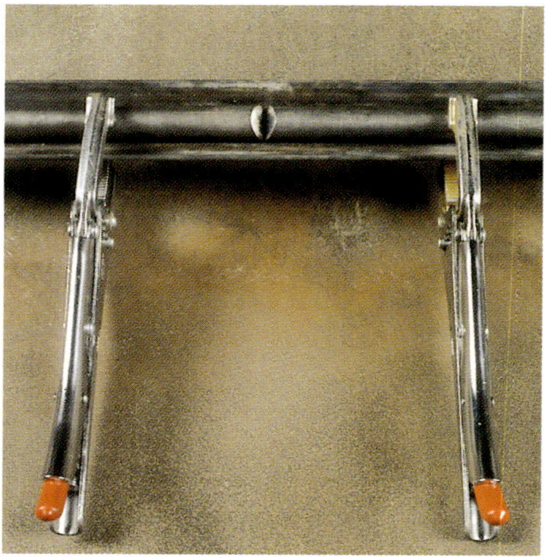

Note

Cette méthode s'applique également sur une barre de fer carrée.

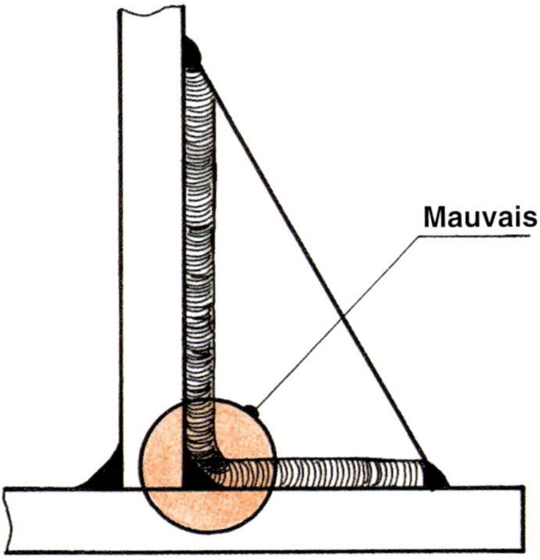

POSER UN GOUSSET

— Renforcer un angle à l'aide d'un gousset est une bonne solution, cependant il est inutile de surcharger celui-ci en soudure.

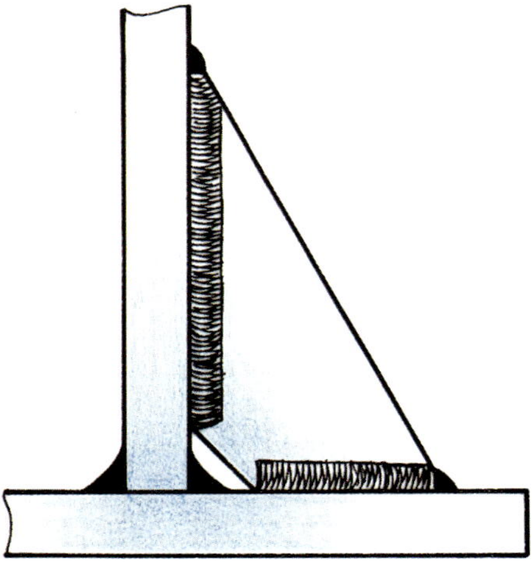

— L'angle dégagé est préférable.

— 1° Souder les pièces en angle en procédant selon la méthode développée pages 47 et 48.

— 2° Pointer et souder le ou les goussets en gardant l'angle dégagé.

MISE EN PLACE DES PAUMELLES À SOUDER

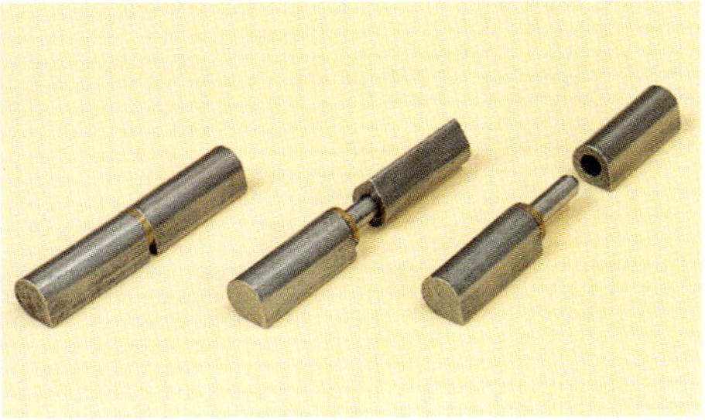

Les paumelles à souder permettent la liaison en rotation des ouvrants, portes, fenêtres, châssis, etc.

Le nombre et la taille est fonction du poids de l'ouvrant mais aussi de la résistance à l'effraction souhaitée.

RÈGLES DE POSE

Pour un bon fonctionnement de l'ensemble tous les axes de rotation seront parfaitement alignés. On prévoira également un jeu entre les montants pour permettre une fermeture complète de l'ouvrant même après peinture, enfin le corps de la paumelle sera dégagé des montants pour ne pas frotter sur ceux-ci.

Mauvais

— **Mauvais** : le corps de la paumelle frottera sur le cadre.

Correct

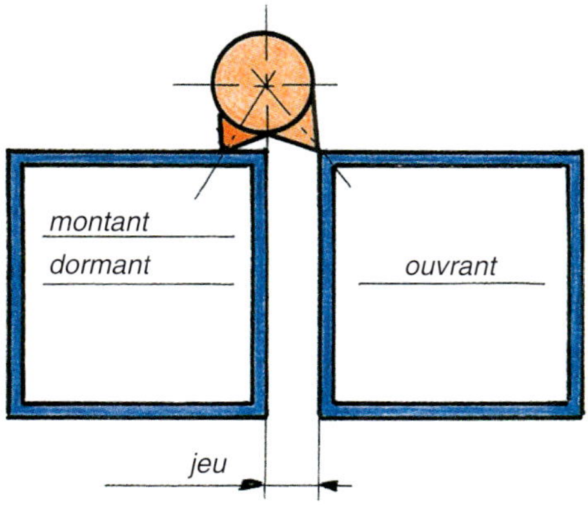

— **Correct** : le corps de la paumelle est dégagé des profilés et la mise en position des ailes constitue des chanfreins naturels pour la soudure.

— On notera que l'axe de la paumelle a été volontairement déplacé vers le cadre dormant pour faciliter l'ouverture et le dégagement de la porte.

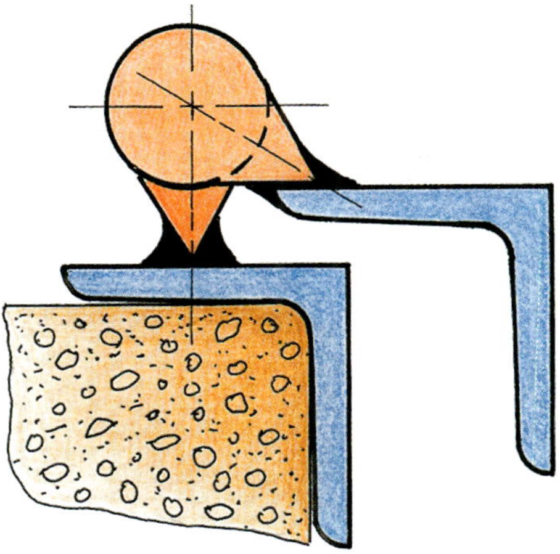

Remarque

Ce type de paumelles à souder est aussi appelé « Paumelles Maroc ».

ASSEMBLER DES TUBES CYLINDRIQUES

ASSEMBLER DES TUBES EN TÉ

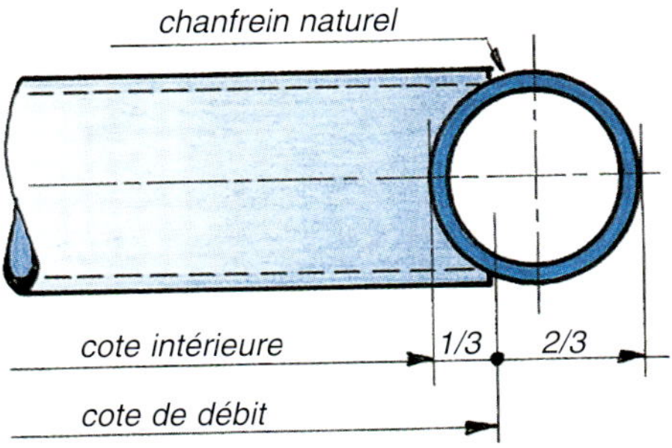

LA GUEULE DE LOUP

— Lors du débit de la traverse, prévoir une longueur supplémentaire égale au tiers du diamètre du tube.

— Usiner l'extrémité du tube en arc de cercle sur une profondeur d'1/3. L'usinage est aisé et l'extrémité de la traverse constitue un chanfrein naturel pour la soudure.

LE TUBE APLATI (on dit aussi APLATI À BLOC)

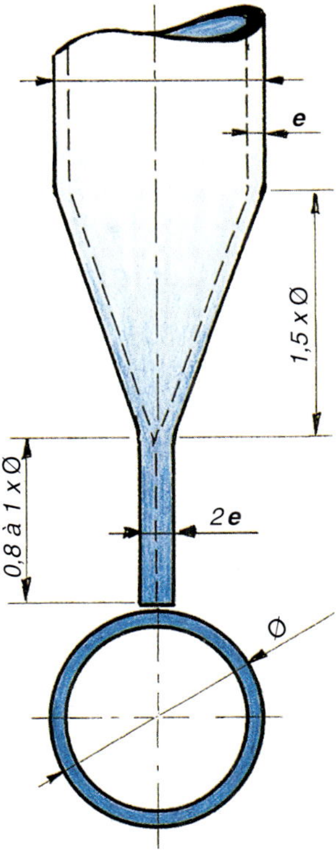

Aplati à l'étau ou à l'enclume, l'extrémité du tube ainsi préparée simplifie au maximum la réalisation de la soudure.

— L'assemblage est cependant moins résistant avec des risques de fissuration du tube à la pliure.

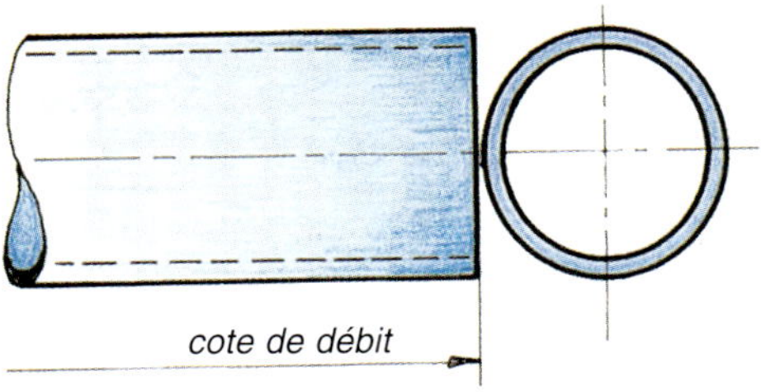

— Débiter la traverse sans longueur supplémentaire.

— Lors du soudage, prendre soin de bien fermer les extrémités du pli.

LE TUBE 1/2 ÉCRASÉ

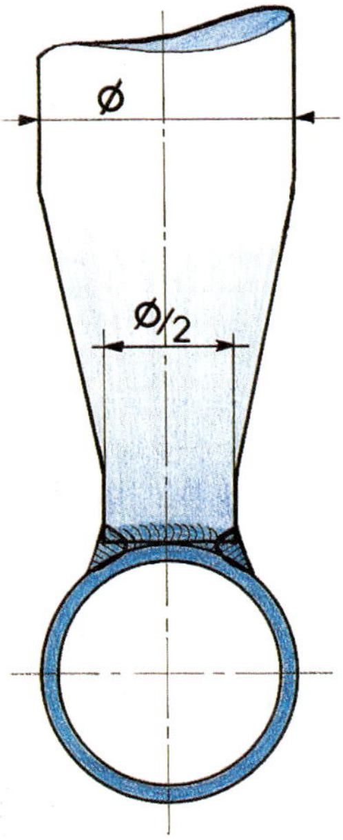

— Cette méthode d'assemblage permet une liaison de haute résistance, facilite la préparation des pièces et rend l'exécution de la soudure plus aisée.

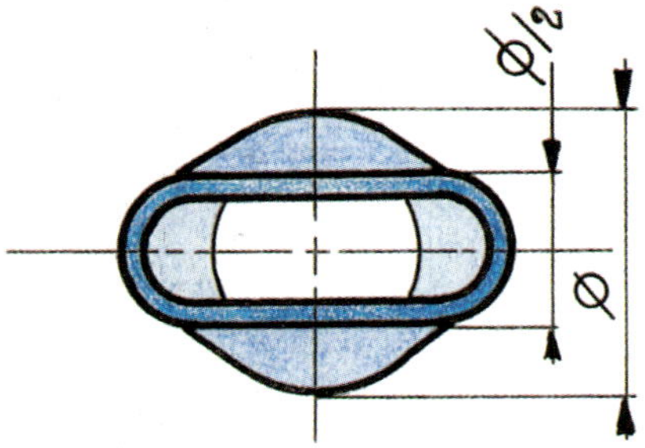

— Il peut être nécessaire de placer une cale à l'intérieur du tube pour limiter les déformations.

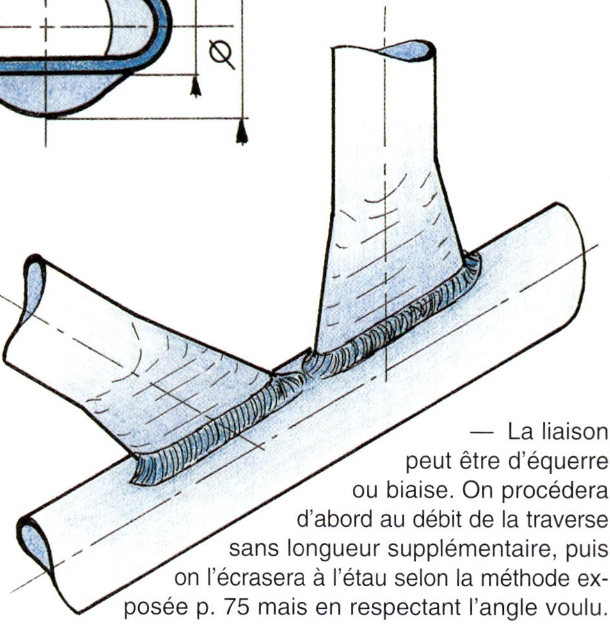

— La liaison peut être d'équerre ou biaise. On procédera d'abord au débit de la traverse sans longueur supplémentaire, puis on l'écrasera à l'étau selon la méthode exposée p. 75 mais en respectant l'angle voulu.

— Débiter la traverse sans longueur supplémentaire.

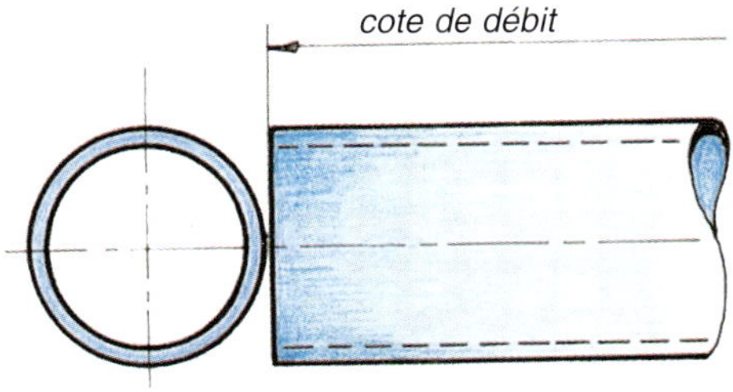

— Écraser le tube à l'étau en plaçant une cale d'épaisseur pour limiter l'écrasement, et des mordaches si on veut éviter de marquer le tube.

— Ajuster éventuellement à la lime demi-ronde.

— Souder sur le pourtour.

ASSEMBLER DES TUBES CYLINDRIQUES ET DES FERS PLATS

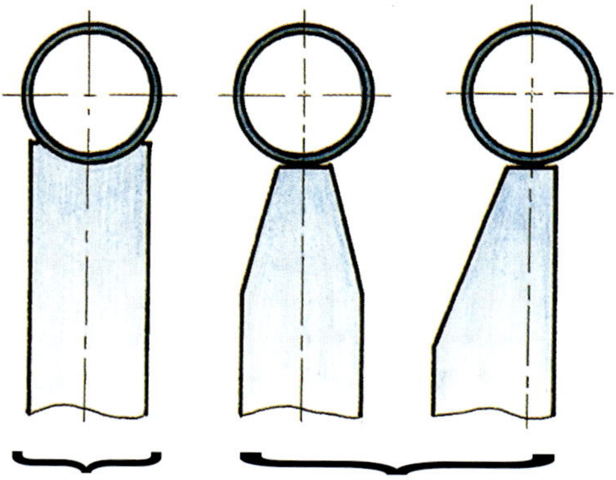

Possible — Plus simple

Exemple : montants de balcon ou de rampe.

— Un usinage en pente du haut du montant réduit considérablement l'importance du cordon de soudure et par la même les déformations.

— La résistance de l'assemblage reste suffisante.

— Dans ce cas le cordon de soudure est minimal et ne sert qu'à immobiliser l'assemblage réalisé par le tube enfilé dans un trou percé dans le montant.

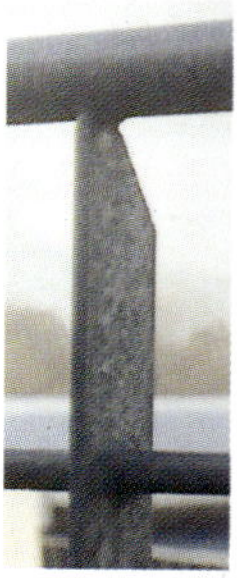

— Facilité de mise en position, déformations minimales et très bonne résistance de la liaison.

VARIANTE SUR TUBES CARRÉS

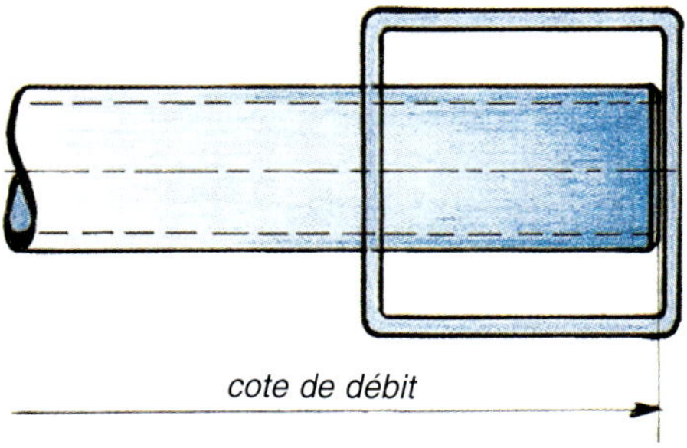

— Même méthode que dans l'assemblage précédent mais ici le trou n'est pas forcément débouchant.

Note

Le calage en fond de tube carré facilite la mise en position lors du montage.

LES COUDES À SOUDER

— Éléments préfabriqués disponibles dans le commerce, ils permettent de réaliser des changements de direction courts principalement dans les tubes de la série « gaz ».

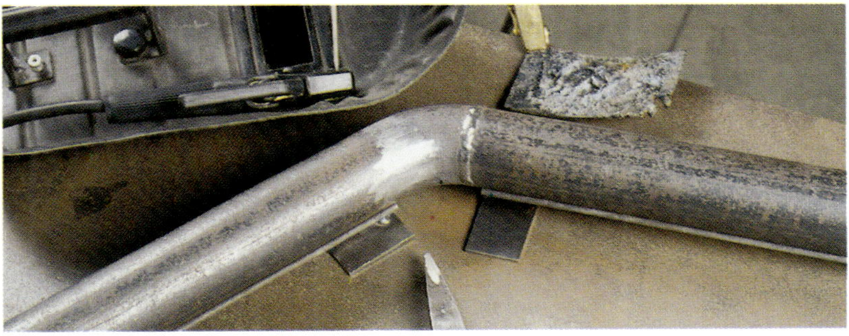

— Coude à 90° modifié pour un changement de direction à 135°.

Valeur de l'angle (a) du coude en fonction de l'angle de changement de direction (b)

a = 180° - b

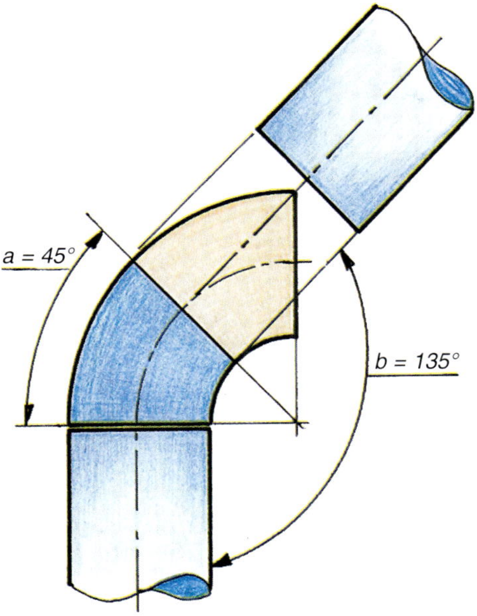

RALLONGEMENT DE TUBES

Les problèmes posés par le rallongement des tubes s'apparentent en grande partie aux problèmes du rallongement des barres en général traités page 69 avec la particularité supplémentaire d'un profil creux ce qui permet l'utilisation d'une clame.

RALLONGEMENT DE TUBES DE SECTION CIRCULAIRE

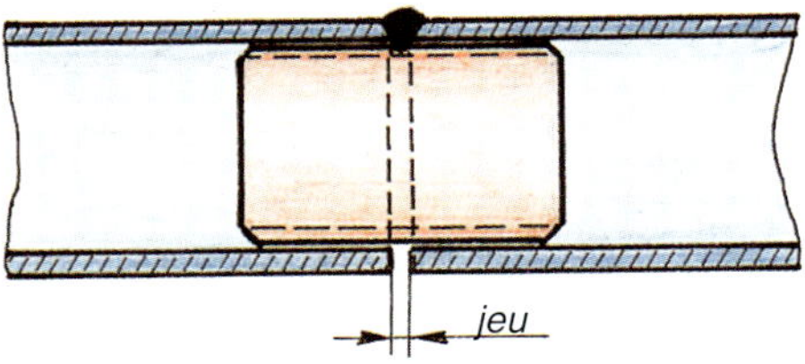

L'utilisation d'une clame* présente plusieurs avantages :

— la réalisation du cordon est simplifiée même sur épaisseurs fines car la clame constitue un support naturel à la soudure,

— en section circulaire la clame est constituée d'un tube de section inférieure s'ajustant à l'intérieur du tube à rallonger,

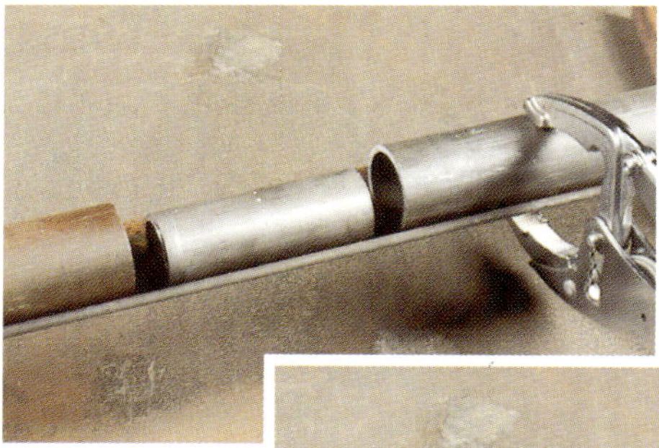

— la mise en position des pièces est aisée, l'alignement des barres est optimal,

— la résistance de l'assemblage est maximale.

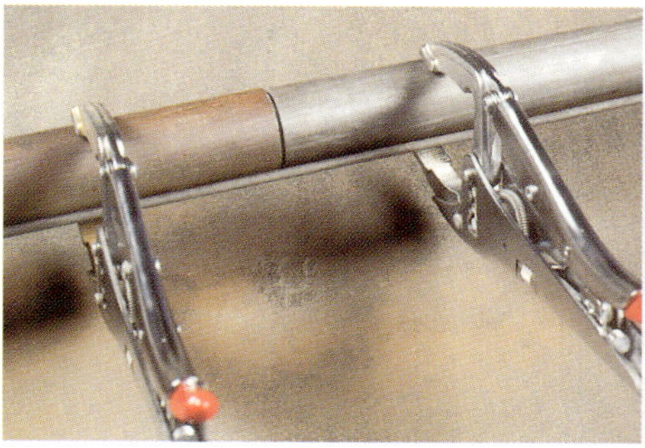

* *Voir lexique.*

RALLONGEMENT DE TUBES DE SECTIONS CARRÉES OU RECTANGULAIRES

Ici les clames* sont constituées de plaques de tole.

On notera que ces plaques de tole sont préalablement fixées d'un côté par la méthode du rivet soudé exposée page 68.

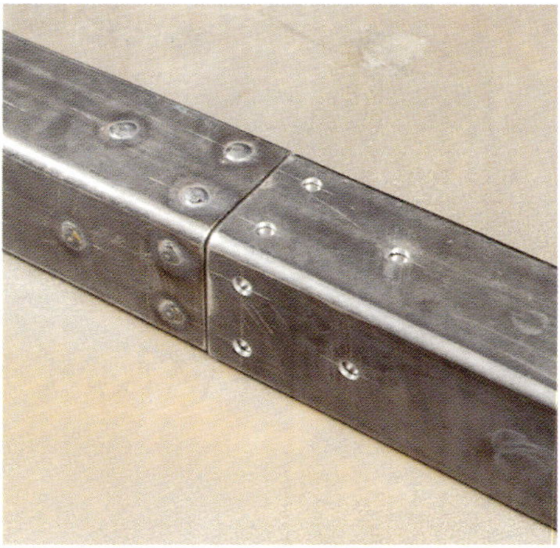

La mise en position et le maintien en position s'effectuent à l'aide de barres et de serre-joints.

PROTECTION DES OUVRAGES

GÉNÉRALITÉS

Les règles de protection des ouvrages métalliques sont simples, mais doivent être respectées, voici ces règles.

La protection doit être adaptée au milieu ambiant, intérieur, extérieur, bord de mer, etc.

La conception de l'ouvrage doit intégrer la notion de protection, simplification des assemblages ou préparation en vue d'une galvanisation.

Enfin une surveillance et un entretien périodique garderont en état votre réalisation.

Il y a attaque de l'acier par la rouille dès que trois éléments sont réunis, le FER contenu dans l'acier, l'EAU et l'OXYGÈNE (en réalité l'air humide suffit). Il convient donc de recouvrir les ouvrages correctement préparés d'une pellicule étanche (peinture ou galvanisation) pour les protéger efficacement.

PRÉPARATION DES SURFACES

Mauvais

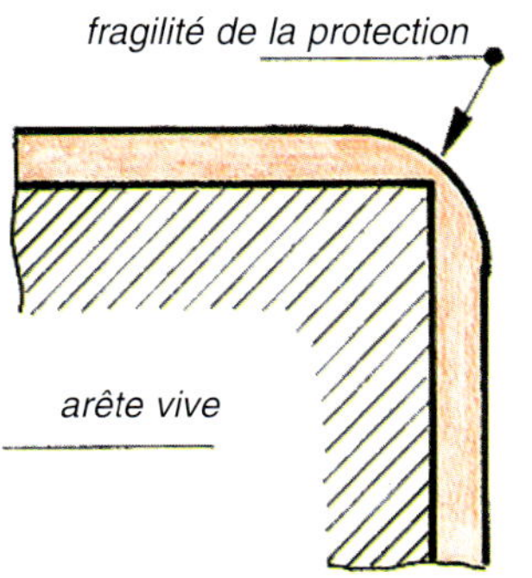

Les surfaces seront propres, dégraissées, exemptes de rouille, et les soudures seront soigneusement piquées et brossées pour les débarrasser de toute trace de laitier.

Il convient également de supprimer les arêtes vives et surtout les bavures.

←
Comportement du film protecteur sur une arête.

Bon

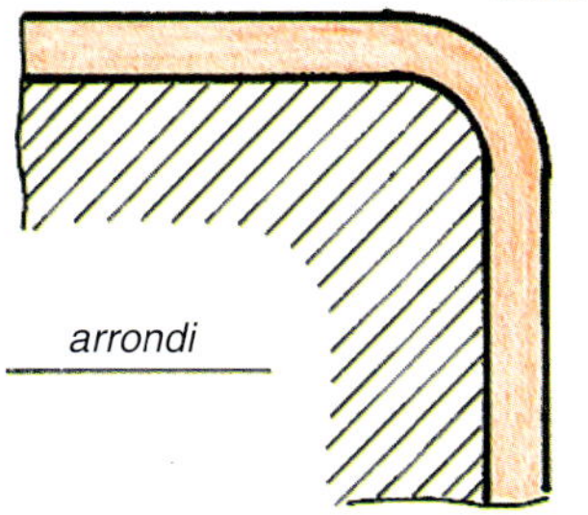

CAS PARTICULIERS DES TUBES

Quand un corps creux est hermétiquement fermé et même si les conditions de départ font que la corrosion peut se produire, il s'établit rapidement à l'intérieur du tube un nouvel équilibre, le taux d'humidité diminue et l'air ne pouvant se renouveler, la corrosion s'arrête d'elle-même.

OUVRAGES DESTINÉS À LA GALVANISATION

La galvanisation à chaud est une méthode de protection des aciers par trempage des ouvrages préalablement décapés dans un bain de zinc fondu.

Pour qu'une construction soit galvanisable il est nécessaire de le prévoir dès sa conception.

RÈGLES À RESPECTER EN VUE D'UNE GALVANISATION

À l'inverse des structures peintes, **pas de corps creux fermés**, en effet lors de l'immersion de la structure dans le bain de zinc à 450 °C l'atmosphère et les vapeurs prisonnières du corps creux le feront exploser.

Toutes les parties creuses de l'ouvrage seront largement communiquantes entre elles et avec l'air libre.

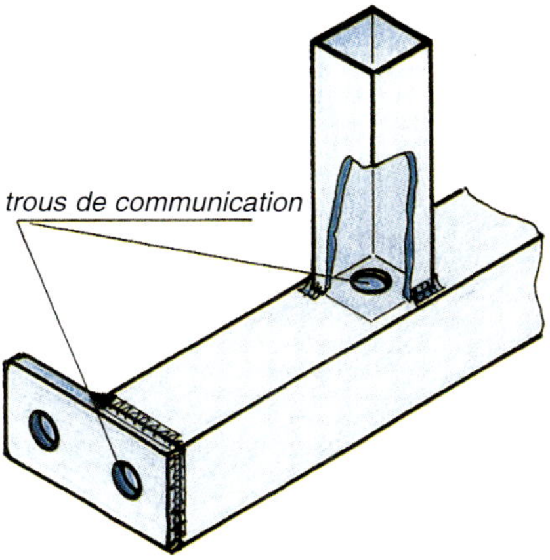

Éviter les superpositions.

Exemple : soudage d'une patte sur un tube.

Le traitement ne peut circuler entre les parois, s'il y a fissuration du film de zinc la rouille pourra s'installer.

Solution : fermer entièrement l'interface à la soudure, mais avec des risques de déformations supplémentaires.

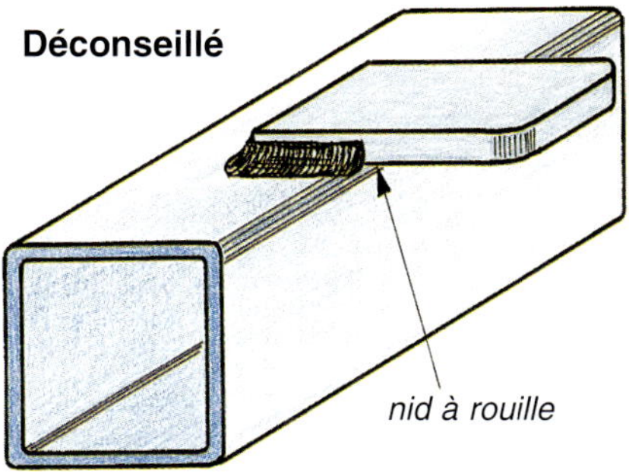

Mieux, modifier la conception. ↘

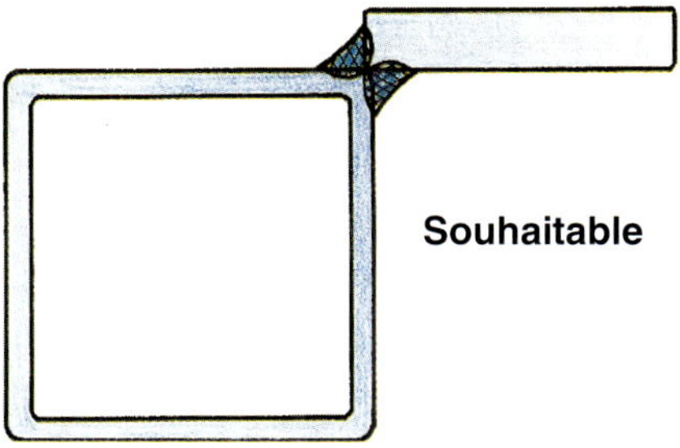

Remarque

Pour des raisons d'esthétique ou pour retoucher des blessures, il est possible de peindre sur la galvanisation.

Dans ce cas, attendez qu'elle ternisse un peu et utilisez des peintures spéciales à haute teneur en zinc.

FORMES MARCHANDES ET CLASSIFICATION DES PROFILÉS

L'ensemble des profils pleins (rond, carré, plat, etc.) ou angulaires (cornière, Té, fer I, fer U, etc.) obtenu par laminage et disponible dans le commerce est appelé couramment LAMINÉS MARCHANDS ou encore FERS MARCHANDS.

CLASSIFICATION DES PROFILÉS ET FORMES MARCHANDES COURANTES

— Les profils laminés à chaud

— Les profils laminés à froid

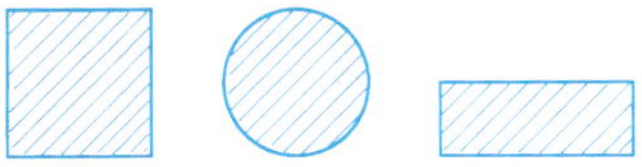

Finis à froid, ces profilés ont un aspect plus fini, décapé et huilé, leurs angles sont vifs.

— Les profils creux (tubes)

— Les profils à froid

LES PROFILS LAMINÉS À CHAUD

— D'aspect brut, encore calaminés aux angles arrondis.

LES FERS CARRÉS

Cotes en mm et masses linéiques en kg/m

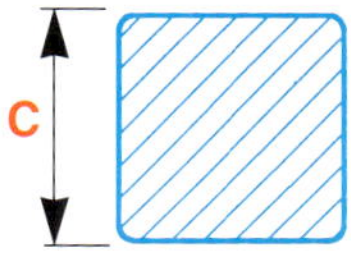

Côté C en mm	Masse en kg/m
6	0,280
7	0,382
8	0,505
10	0,785
12	1,130
14	1,540
15	1,770
16	2,010
18	2,540
20	3,140
22	3,800
25	4,910
28	6,150
30	7,070
35	9,610
40	12,600
45	15,900
50	19,600

LES FERS RONDS

Diamètres en mm et masses linéiques en kg/m

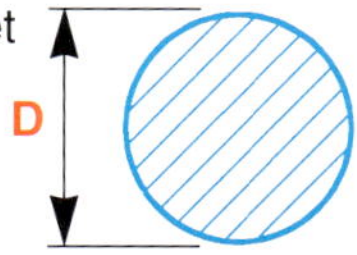

Diamètre D en mm	Masse en kg/m
5	0,154
6	0,222
7	0,302
8	0,395
10	0,617
12	0,888
14	1,210
15	1,390
16	1,580
18	2,000
20	2,470
22	2,980
24	3,550
25	3,850
28	4,830
30	5,550
32	6,310
35	7,550
40	9,870
45	12,500
50	15,400

LES FERS PLATS

Cotes en mm et masses linéiques en kg/m

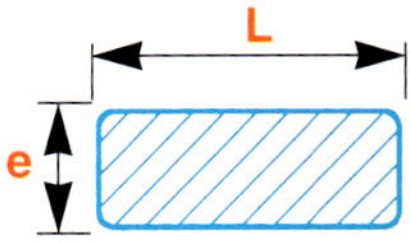

	Épaisseur e				
Largeur L en mm	**3**	**4**	**5**	**6**	**8**
10	0,236	0,314	0,392	0,472	
12	0,283	0,377	0,472	0,565	0,754
14	0,330	0,440	0,550	0,660	0,880
16	0,377	0,503	0,628	0,754	1,006
20	0,472	0,628	0,785	0,942	1,26
25	0,590	0,785	0,981	1,18	1,57
30	0,707	0,942	1,18	1,41	1,88
35		1,099	1,37	1,65	2,20
40		1,256	1,57	1,88	2,51
45		1,413	1,77	2,12	2,83
50		1,570	1,96	2,36	3,14
60		1,884	2,36	2,83	3,77
70		2,198	2,75	3,30	4,40
80		2,512	3,14	3,77	5,02
90			3,53	4,24	5,65
100			3,92	4,71	6,28

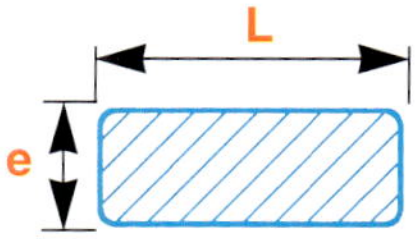

en mm							
10	**12**	**15**	**20**	**25**	**30**	**40**	**50**
1,099							
1,256							
1,57	1,88	2,36					
1,96	2,36	2,94					
2,36	2,83	3,53	4,71				
2,75	3,30	4,12	5,50				
3,14	3,77	4,71	6,28	7,85	9,42		
3,53	4,24	5,30	7,07	8,83	10,60		
3,93	4,71	5,89	7,85	9,81	11,80		
4,71	5,65	7,07	9,42	11,80	14,10	18,80	
5,50	6,59	8,24	11,00	13,70	16,50	22,00	27,50
6,28	7,54	9,42	12,60	15,70	18,80	25,10	31,40
7,07	8,48	10,60	14,10	17,70	21,20	28,30	
7,85	9,42	11,80	15,70	19,60	23,60	31,40	39,30

LES CORNIÈRES

À AILES ÉGALES

Cotes en mm et masses linéiques en kg/m

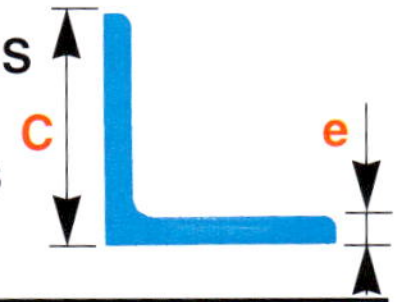

Dimensions en mm C x e	Masse en kg/m
20 x 20 x 3	0,88
25 x 25 x 3	1,12
30 x 30 x 3	1,36
35 x 35 x 3,5	1,84
40 x 40 x 4	2,42
45 x 45 x 4,5	3,04
50 x 50 x 5	3,77
60 x 60 x 6	5,42
70 x 70 x 7	7,38
80 x 80 x 8	9,63
90 x 90 x 9	12,20
100 x 100 x 10	15,10

À AILES INÉGALES

Cotes en mm et masses linéiques en kg/m

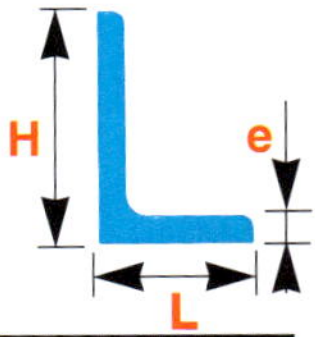

Dimensions en mm H x L x e	Masse en kg/m
30 x 20 x 3	1,12
40 x 20 x 4	1,77
40 x 25 x 4	1,93
45 x 30 x 4	2,25
50 x 30 x 5	2,96
60 x 40 x 5	3,76
70 x 50 x 6	5,40
80 x 40 x 6	5,41
80 x 50 x 7	6,79
80 x 60 x 7	7,36
90 x 70 x 8	9,60
100 x 50 x 8	8,99

LES FERS TÉ

TÉ À AILES ÉGALES

Cotes en mm et masses linéiques en kg/m

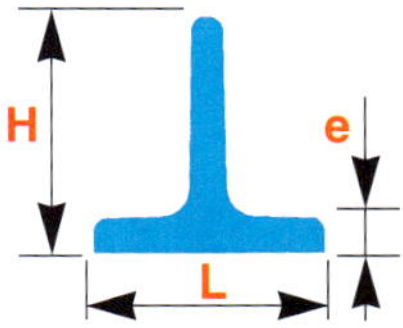

Dimensions en mm H x L x e	Masse en kg/m
20 x 20 x 3	0,88
25 x 25 x 3,5	1,29
30 x 30 x 4	1,77
35 x 35 x 4,5	2,33

Dimensions en mm H x L x e	Masse en kg/m
40 x 40 x 5	2,96
50 x 50 x 6	4,44
60 x 60 x 7	6,23
70 x 70 x 8	8,32

LES FERS U

Cotes en mm et masses linéiques en kg/m

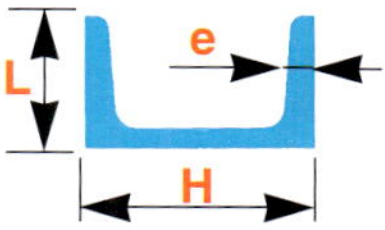

Dimensions en mm H x L x e	Masse en kg/m
30 x 15 x 4	1,70
35 x 17,5 x 4	2,15
40 x 20 x 5	2,87
40 x 35 x 5	4,87
50 x 25 x 5	3,86
50 x 38 x 5	5,59
60 x 30 x 6	5,07
65 x 42 x 5,5	7,09
70 x 40 x 6	6,77

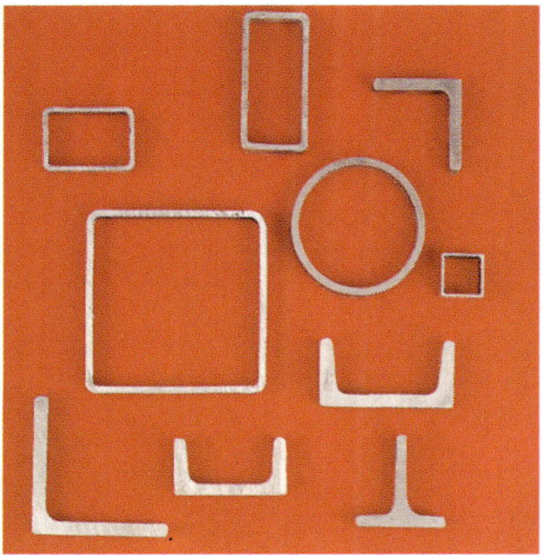

Remarque

Les masses linéiques (poids au mètre) sont données à titre de renseignement. Les barres sont vendues soit au poids réel, soit au mètre.

LES UPN

Cotes en mm et masses linéiques en kg/m

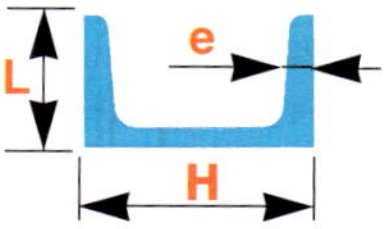

Dimensions en mm H x L x e	Masse en kg/m
80 x 45 x 6	8,64
100 x 50 x 6	10,60
120 x 55 x 7	13,40
140 x 60 x 7	16,00
160 x 65 x 7,5	18,80
180 x 70 x 8	22,00
200 x 75 x 8,5	25,30

LES IPN

Cotes en mm et masses linéiques en kg/m

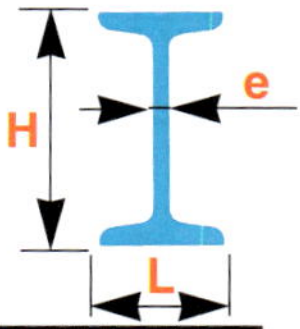

Dimensions en mm H x L x e	Masse en kg/m
80 x 42 x 3,9	5,95
100 x 50 x 4,5	8,32
120 x 58 x 5,1	11,20
140 x 66 x 5,7	14,40
160 x 74 x 6,3	17,90
180 x 82 x 6,9	21,90
200 x 90 x 7,5	26,30
220 x 98 x 8,1	31,10
240 x 106 x 8,7	36,20

LES PROFILS CREUX (TUBES)

— Les tubes ronds filetables encore appelés **tubes gaz**.
— Les tubes ronds pour construction parfois appelés **tubes serrurier**.
— Les tubes carrés.
— Les tubes rectangulaires.

TUBES GAZ SOUDÉS FILETABLES

D'après la norme NFA 49-145 / NFA 49 700
Diamètres en mm et masses linéiques en kg/m

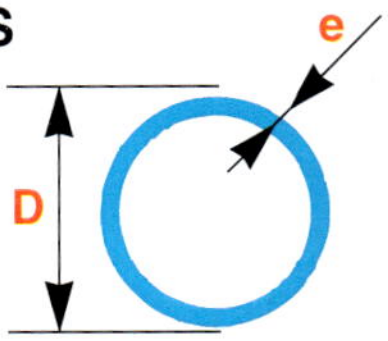

Diamètre nominal en pouces	Diamètre extérieur D en mm	Épaisseurs **e** en mm								
		2	2,35	2,65	2,9	3,25	3,65	4,05	4,5	4,85
1/4	13,5	0,57	0,65							
3/8	17,2	0,75	0,85							
1/2	21,3		1,10	1,22		1,45				
3/4	26,9		1,41	1,58		1,89				
1	33,7				2,21	2,44		2,96		
1 1/4	42,4				2,84	3,14		3,84		
1 1/2	48,3				3,26	3,61		4,42		
2	60,3					4,56	5,10		6,17	
2 1/4	70,0					5,34	5,96			
2 1/2	76,1					5,80	6,51		7,92	
3	88,9					6,81		8,47		10,04
3 1/2	101,6						8,74	9,72		11,55

— Il ne s'agit dans ce paragraphe que d'un aperçu des sections disponibles sur le marché, ces profils sont les plus courants et généralement disponibles immédiatement ou dans des délais courts. Il existe par ailleurs une infinie variété de sections destinées à l'industrie, on peut parfois se procurer ces profilés dans le commerce de la récupération et du recyclage à des prix fort intéressants mais attention aux nuances d'acier et à leur soudabilité.

TUBES RONDS EN ACIER

D'après la norme XP A 49-646
Diamètres en mm et masses linéiques en kg/m

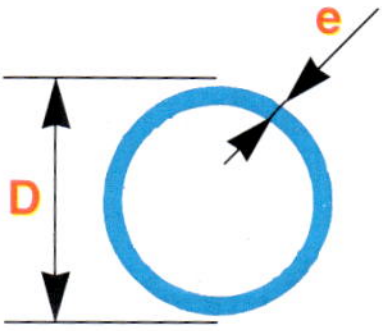

Diamètres extérieurs D en mm	Épaisseurs e en mm						
	0,8	1	1,2	1,5	2	2,5	3
10	0,182	0,222	0,260	0,314			
12	0,221	0,271	0,320	0,388			
14	0,260	0,321	0,379	0,462	0,592		
16	0,300	0,370	0,438	0,536	0,691		
18	0,339	0,419	0,497	0,610	0,789		
20	0,379	0,469	0,556	0,684	0,888	1,08	
22	0,418	0,518	0,616	0,758	0,986	1,20	
25	0,477	0,522	0,704	0,869	1,13	1,39	1,63
28	0,537	0,666	0,793	0,980	1,28	1,57	1,85
30	0,576	0,715	0,852	1,05	1,38	1,70	2,00
32	0,616	0,765	0,911	1,13	1,48	1,82	2,15
35	0,675	0,838	1,00	1,24	1,63	2,00	2,37
38	0,734	0,912	1,09	1,35	1,78	2,19	2,59
40	0,773	0,958	1,15	1,42	1,87	2,31	2,74
42	0,813	1,01	1,21	1,50	1,97	2,44	2,89
45	0,872	1,09	1,30	1,61	2,12	2,62	3,11
50	0,971	1,21	1,44	1,79	2,37	2,93	3,48
55		1,33	1,59	1,98	2,61	3,24	3,85
60		1,46	1,74	2,16	2,86	3,55	4,22
70				2,53	3,35	4,16	4,96
80				2,90	3,85	4,78	5,70
90				3,27	4,34	5,39	6,44
100				3,64	4,83	6,01	7,18
108				3,94	5,23	6,50	7,77
114				4,16	5,52	6,87	8,21
120				4,38	5,82	7,24	8,66

TUBES CARRÉS EN ACIER

D'après la norme XP A 49-646
Dimensions en mm et masses linéiques en kg/m

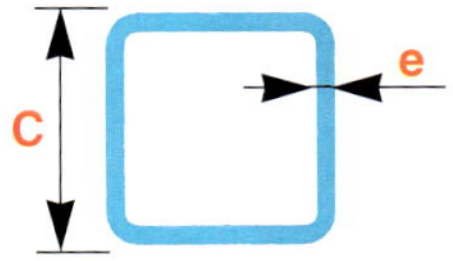

Cotes extérieures C en mm	Épaisseurs e en mm						
	0,8	**1**	**1,2**	**1,5**	**2**	**2,5**	**3**
10	0,231	0,283	0,332				
12	0,281	0,345	0,407	0,495			
16	0,382	0,471	0,558	0,683	0,798		
20	0,482	0,597	0,708	0,871	1,05	1,25	1,42
25	0,608	0,754	0,897	1,11	1,36	1,64	1,89
30	0,734	0,911	1,09	1,34	1,68	2,03	2,36
35		1,07	1,27	1,58	1,99	2,42	2,83
40		1,22	1,46	1,81	2,31	2,82	3,30
45				2,05	2,62	3,21	3,77
50				2,28	2,93	3,60	4,25
60				2,76	3,56	4,39	5,19
70				3,23	4,19	5,17	6,13
80				3,70	4,82	5,96	7,07
90				4,17	5,45	6,74	8,01

TUBES RECTANGULAIRES EN ACIER

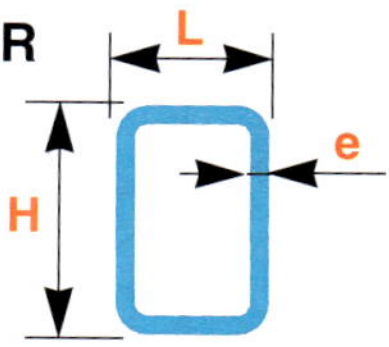

D'après la norme XP A 49-646
Dimensions en mm et masses linéiques en kg/m

Cotes extérieures H x L en mm	Épaisseurs **e** en mm						
	0,8	**1**	**1,2**	**1,5**	**2**	**2,5**	**3**
20 x 10	0,357	0,440	0,520	0,636			
25 x 10	0,420	0,518	0,614	0,754	0,893		
25 x 20	0,545	0,675	0,803	0,989	1,21		
30 x 10	0,482	0,597	0,708	0,871	1,05		
30 x 15	0,545	0,675	0,803	0,989	1,21		
30 x 20	0,608	0,754	0,897	1,11	1,36		
35 x 10	0,545	0,675	0,803	0,989	1,21		
35 x 20	0,671	0,832	0,991	1,22	1,52		
40 x 10		0,754	0,897	1,11	1,36		
40 x 20		0,911	1,09	1,34	1,68		
40 x 25		0,989	1,18	1,46	1,83	2,23	
40 x 30		1,07	1,27	1,58	1,99	2,42	2,83
50 x 10		0,211	1,09	1,34	1,68		
50 x 20		1,07	1,27	1,58	1,99	2,42	2,83
50 x 25		1,15	1,37	1,70	2,15	2,62	3,07
50 x 30				1,81	2,31	2,82	3,30
50 x 40				2,05	2,62	3,21	3,77
60 x 10				1,58	1,99		
60 x 20				1,81	2,31	2,82	3,30
60 x 30				2,05	2,62	3,21	3,77
60 x 40				2,28	2,93	3,60	4,25
60 x 50				2,52	3,25	3,99	4,72
80 x 20				2,28	2,93	3,60	4,25
80 x 30				2,52	3,25	3,99	4,72
80 x 40				2,76	3,56	4,39	5,19
80 x 50				2,99	3,88	4,78	5,66
100 x 40				3,23	4,19	5,17	6,13
100 x 55				3,46	4,50	5,56	6,60
100 x 60				3,70	4,82	5,96	7,07

LES PROFILS À FROID

— Profils réalisés par formage à partir de bandes de tôle (feuillards).

CORNIÈRES À AILES ÉGALES

Cotes en mm et masses linéiques en kg/m

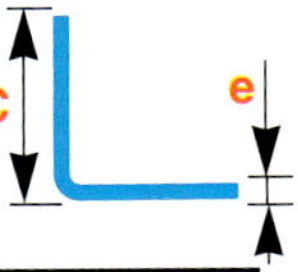

Dimensions en mm C x e	Masse en kg/m
10 x 10 x 1,5	0,204
15 x 15 x 2	0,420
16 x 16 x 1,5	0,325
20 x 20 x 2	0,576
25 x 25 x 2	0,733
30 x 30 x 2	0,890
30 x 30 x 3	1,296
35 x 35 x 3	1,532
40 x 40 x 2	1,205
40 x 40 x 3	1,767

CORNIÈRES À AILES INÉGALES

Cotes en mm et masses linéiques en kg/m

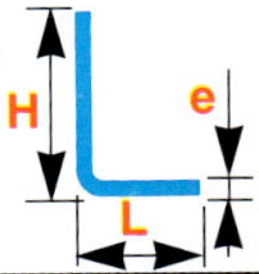

Dimensions en mm H x L x e	Masse en kg/m
15 x 10 x 1,5	0,265
20 x 15 x 2	0,497
30 x 20 x 2	0,735
40 x 20 x 2	0,880
40 x 30 x 3	1,532
50 x 30 x 3	1,767
60 x 30 x 3	2,000
80 x 30 x 3	2,475
100 x 30 x 3	2,945
100 x 50 x 3	3,415

COULISSES À AILES ÉGALES

Cotes en mm et masses linéiques en kg/m

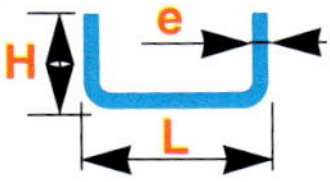

Dimensions en mm H x L x e	Masse en kg/m
10 x 10 x 1	0,210
15 x 15 x 2	0,605
20 x 20 x 2	0,840
25 x 25 x 2	1,075
30 x 30 x 2	1,309
40 x 40 x 2	1,780

COULISSES À AILES ÉGALES

Cotes en mm et masses linéiques en kg/m

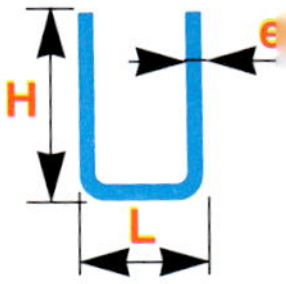

Dimensions en mm H x L x e	Masse en kg/m
20 x 15 x 1,5	0,590
20 x 30 x 2	0,995
30 x 14 x 2	1,060
30 x 25 x 2	1,230
40 x 25 x 2	1,545
40 x 30 x 2,5	1,995

— Citons encore quelques profils intéressants disponibles dans le commerce ou récupérables.

LES MAINS COURANTES

— Utilisées dans la fabrication des rampes et des balcons, ce profil se fixe sur un fer plat ou un fer carré adapté à sa dimension intérieure.

Exemple : main courante de 45 mm fixée sur un fer plat de 20 mm x 12 mm.

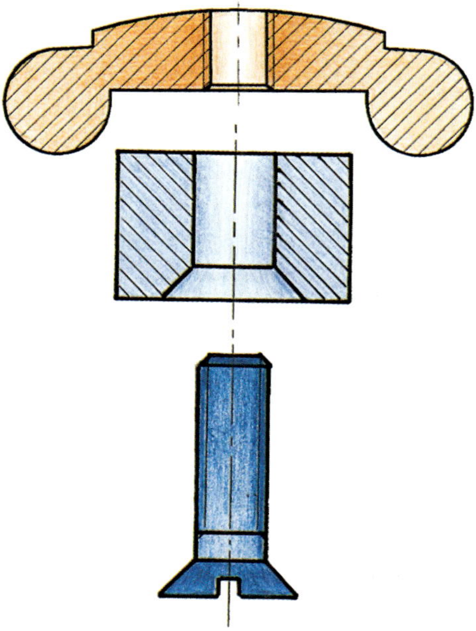

Remarque

On préférera le montage vissé comme l'indique le schéma et ce afin de pouvoir peindre, à l'antirouille, au moment du montage et ainsi éviter la corrosion.

LES DEMI-RONDS

— Certaines dimensions sont disponibles dans le commerce, se renseigner auprès de son fournisseur habituel.

— Longtemps utilisé dans la fabrication des crémones, ce profil se récupère facilement sur les anciennes fenêtres.

LEXIQUE

Biaise : se dit d'une coupe qui est ni d'équerre ni parallèle à l'axe de la barre.

Calamine : oxyde de fer qui se forme à la surface des barres au cours du laminage.

Calaminé : se dit d'une barre brute de laminage recouverte de calamine.

Caniveau : grave défaut en soudure, caractérisé par une crevasse le long du cordon.

Clame : pièce métallique fixée à l'extrémité d'une barre pour faciliter un accostage précis.

Coulisse : nom donné au profil à froid en forme de **U**.

Crémone : dispositif de verrouillage des portes et des fenêtres composé de deux tringles qui se déplacent par rotation d'une poignée.

Feuillard : longue bande de tôle enroulée sur une bobine.

Grugeage : découpe localisée d'un profilé pour faciliter son assemblage.

Inclusion de laitier : grave défaut de soudage, caractérisé par de l'enrobage fondu prisonnier du cordon.

Laitier : enrobage fondu qu'il faut piquer après soudage, son rôle est de protéger le métal en fusion.

Malléable : se dit d'un métal qui se laisse forger facilement.

MAP : abréviation de **MA**intien en **P**osition.

MIP : abréviation de **MI**se en **P**osition.

Mordaches : plaques de métal tendre dont on garnit les mors de l'étau pour éviter de blesser la pièce.

Ragréer : supprimer les irrégularités d'une surface, ici meuler les soudures.

Soudabilité : propriété physique d'un métal à être soudé.

TABLE DES MATIÈRES

Remerciements

L'éditeur et l'auteur remercient tout particulièrement
le Lycée Jean-Baptiste SCHWILGUÉ à Sélestat
qui a aimablement mis à disposition l'atelier de métallerie pour la réalisation des photographies.

Dessins : Jean-Michel JORION.

Crédit photographique : photos S.A.E.P. / Alain THIÉBAUT.

Dépôt légal 1er trim. 1999
n° 2 437

Imprimé en C.E.E.